张晓景 编著

移动互联网之路

APP UI设计从入门到精通

Photoshop篇

清华大学出版社

北京

内 容 简 介

本书主要讲解了 iOS、Android 和 Windows Phone 这 3 种主流智能手机操作系统界面、APP 元素和基本风格，全面解析了各类 APP 界面设计的具体方法与操作技巧。

本书共 7 章，第 1 章主要讲解智能手机的相关知识、设计中的色彩搭配、手机界面尺寸标准、常用的软件工具等 APP 界面设计基础知识。第 2 章主要对常见的手机系统的发展过程及基础知识进行简单的介绍，客观地分析 3 种不同手机系统的优缺点。第 3 ～ 7 章分别讲解了 iOS、Android 和 Windows Phone 这 3 种主流智能手机操作系统的设计规范和设计原则，以及图形、控件、图标和完整界面的具体制作方法。

本书附赠 1 张 DVD 光盘，其中提供了全部案例的素材、源文件和教学视频，读者可以结合书本、练习文件和教学视频，提升 APP 界面设计学习效率。

本书适合 APP UI 设计爱好者和从业者阅读，也适合作为各院校相关设计专业的参考教材，是一本实用的 APP 界面设计操作宝典。

本书封面贴有清华大学出版社防伪标签，无标签者不得销售。

版权所有，侵权必究。侵权举报电话：010-62782989 13701121933

图书在版编目 (CIP) 数据

移动互联网之路——APP UI 设计从入门到精通.Photoshop 篇 / 张晓景 编著 .—北京：清华大学出版社，2016
(2019.7重印)
ISBN 978-7-302-44353-7

Ⅰ.①移… Ⅱ.①张… Ⅲ.①移动电话机—人机界面—程序设计 ②图像处理软件 Ⅳ.① TN929.53 ② TP391.413

中国版本图书馆 CIP 数据核字 (2016) 第 167551 号

责任编辑：李　磊
封面设计：王　晨
责任校对：曹　阳
责任印制：沈　露

出版发行：清华大学出版社
　　　　　网　　　址：http://www.tup.com.cn，http://www.wqbook.com
　　　　　地　　　址：北京清华大学学研大厦A座　　　　邮　　　编：100084
　　　　　社 总 机：010-62770175　　　　　邮　　　购：010-62786544
　　　　　投稿与读者服务：010-62776969，c-service@tup.tsinghua.edu.cn
　　　　　质 量 反 馈：010-62772015，zhiliang@tup.tsinghua.edu.cn
印 装 者：北京亿浓世纪彩色印刷有限公司
经　　销：全国新华书店
开　　本：190mm×260mm　　　印　　张：21　　　字　　数：621千字
　　　　　(附DVD光盘1张)
版　　次：2016年10月第1版　　　印　　次：2019年7月第3次印刷
定　　价：99.00元

产品编号：069185-02

现如今，随着智能设备的飞速发展，各种通信与网络连接设备与大众生活的联系日益密切。用户界面是用户与机器设备进行交互的平台，人们对各种类型 UI 界面的要求越来越高，导致移动设备 APP 界面设计领域如火如荼，促进了 UI 设计行业的繁荣，设计采用的工具也多种多样，而 iOS、Android 和 Windows Phone 这 3 种系统就是其中的佼佼者。

本书主要依据 iOS、Android 和 Windows Phone 这 3 种操作系统的构成元素，由浅入深地讲解了初学者感兴趣和需要掌握的基础知识和操作技巧，全面解析各种元素的具体绘制方法。全书结合案例进行讲解，详细地介绍了制作的步骤和软件的应用技巧，使读者能轻松地学习并掌握。

本书内容

本书共分 7 章，采用基础知识与应用案例相结合的方法，循序渐进地向读者介绍了 iOS、Android 和 Windows Phone 3 种系统中各部分元素的绘制方法，每章中所包含的主要内容如下。

第 1 章　移动 APP 界面设计基础，主要介绍了手机的发展历史、手机分辨率、UI 设计基础知识、设计中的色彩搭配、图形元素的格式以及常用的设计软件。

第 2 章　常见的手机系统，主要介绍了 iOS、Android 和 Windows Phone 这 3 种系统的发展情况、基本 UI 组件以及不同系统的优缺点。

第 3 章　iOS 设计元素，主要介绍了 iOS 系统界面设计规范、新旧系统界面的对比以及不同图形、控件、图标和各种界面具体的制作方法，制作了大量完整的界面。

第 4 章　iOS APP 应用实战，主要讲解了 iOS 的文字规范以及界面配色，并通过几个综合案例详细地演示了 APP 手机界面的制作。

第 5 章　Android 设计元素，主要介绍了 Android 系统新旧界面的对比、Android 系统 UI 设计原则，以及基本图形、图标和控件的绘制，制作出完整的基于 Android 系统的 APP 界面。

第 6 章　Android APP 应用实战，通过 4 个综合案例的详细制作展示了 Android APP 的应用结构。

第 7 章　Windows Phone 设计元素和应用实战，主要介绍了 Windows Phone 系统新旧界面的对比、Windows Phone 设计原则及规范，以及界面框架和标准控件的制作，制作出基于 Windows Phone 系统的 APP 界面。

本书特点

本书内容全面、结构清晰、案例新颖，采用理论知识与操作案例相结合的教学方式，全面向读者介绍了不同类型元素的处理、表现的相关知识以及所需的操作技巧。

● 通俗易懂的语言

本书采用通俗易懂的语言全面地向读者介绍 iOS、Android 和 Windows Phone 这 3 种系统界面设计所需的基础知识和操作技巧，综合实用性较强，确保读者能够理解并掌握相应的功能与操作。

● 基础知识与操作案例紧密结合

本书摈弃了传统教科书纯理论式的教学，采用少量基础知识和大量操作案例相结合的讲解模式，让读者学习更加轻松。

- 技巧和知识点的归纳总结

本书在讲解过程中列出了大量的提示和技巧，这些都是作者结合长期的 UI 设计经验与教学经验归纳出来的，可以帮助读者更准确地理解和掌握相关的知识点和操作技巧。

- 多媒体光盘辅助学习

为了增加读者的学习渠道，增强读者的学习兴趣，本书配有多媒体教学光盘，在其中提供了书中所有案例的相关素材和源文件，以及书中所有案例的教学视频，使读者可以跟着本书做出相应的效果，并能够快速应用于实际工作中。

本书作者

本书由张晓景编著，另外李晓斌、解晓丽、孙慧、程雪翩、刘明秀、陈燕、胡丹丹、逼玉婷、刘强、范明、郑竣天、王明、史建华、于海波、孟权国、张国勇、贾勇、邹志连、肖阂、王延楠、林学远、黄尚智、陶玛丽、王大远、尚丹丹、刘明明、张航、张伟等也参与了部分编写工作。本书在写作过程中力求严谨，但疏漏和不足之处在所难免，望广大读者批评指正。

本书配套的 PPT 课件请到 http://www.tupwk.com.cn 下载。

编　者

CONTENTS 目 录

第 3 章 iOS 设计元素

第4章 iOS APP 应用实战

第5章 Android 设计元素

第 6 章　Android APP 应用实战

第 7 章　Windows Phone 设计元素和应用实战

第 1 章　移动 APP 界面设计基础

本章知识点
- ✔ 了解手机的发展历史
- ✔ 了解界面设计相关知识
- ✔ 理解图片的格式
- ✔ 基本掌握界面设计需要使用的软件

手机是当代社会人们接触和使用最为频繁的媒体类型之一。与其他类型的 UI 设计一样，手机界面设计不仅要时尚美观，还需注重各个功能的整合，力求使用户毫无障碍、快捷有效地使用各个功能，从而提高用户体验。

1.1　关于手机

行动电话、手提电话、无线电话、移动电话、携带电话和流动电话，即"手提式电话机"，简称手机，是可以在较广范围内使用的便携式电话。

1.1.1　手机的发展历史

1902 年，一位叫内森·斯塔布菲尔德的美国人在肯塔基州默里的乡下住宅内制成了第一个无线电话装置，这部可无线移动通信的电话就是人类对"手机"技术最早的探索研究。1938 年，美国贝尔实验室为美国军方制成了世界上第一部"移动电话"手机。1973 年 4 月，美国工程技术员马丁·库帕发明了世界上第一部推向民用的手机，马丁·库帕从此也被称为"手机之父"。

第一代手机（1G）是指模拟的移动电话，也就是在 20 世纪八九十年代中国香港、美国等影视作品中出现的大哥大。

第二代手机（2G）通常使用 GSM 或者 CDMA 这些十分成熟的标准，具有稳定的通话质量和合适的待机时间。

3G 是英文 3rd Generation 的缩写，指第三代移动通信技术，是将无线通信与国际互联网等多媒体通信结合的新一代移动通信系统，它能够处理图像、音乐和视频流等多种媒体形式，提供包括网页浏览、电话会议和电子商务等多种信息服务。

提示　　3G 网络在室内、室外和行车的环境中能够分别支持至少 2Mbps、384kbps 及 144kbps 的传输速度。

4G 是第四代移动通信及其技术的简称，现在最常见的也是 4G 手机，能够传输高质量的视频、图像以及图像传输质量与高清晰度电视不相上下的技术产品，如图 1-1 所示为搭配 4G 网络的手机。

图 1-1

1.1.2 手机分辨率

手机屏幕的分辨率对于手机 UI 设计而言是一个极其重要的参数，这关系到一套 UI 界面在不同分辨率屏幕上的显示效果。16：9、720p、VGA 和 QVGA 等术语就是指手机的分辨率， 一块方形的屏幕横向有多少个点，竖向有多少个点，相乘之后的数值就是这块屏幕的像素。但是为了方便表示屏幕的大小，通常用横向像素与竖向像素相乘的方式来表示。市场上较为常见的手机屏幕分辨率主要包括以下 6 种分辨率。

QVGA：全称 Quarter VGA，竖向分辨率为 240×320 像素，横向分辨率为 320×240 像素，VGA(VGA 全称 Video Graphics Array，分辨率为 640×480 像素，这种屏幕一般用于一些小的便携设备上) 分辨率的四分之一，现在基本退出市场。

HVGA：全称 Half-size VGA，大多用于 PDA，480×320 像素，宽高比为 3：2， VGA 分辨率的一半。

WVGA：全称 Wide VGA，通常用于 PDA 或者小屏幕智能手机，分辨率分为 854×480 像素和 800×480 像素两种。

QCIF：全称 Common Intermediate Format，用于拍摄 QCIF 格式的标准化图像，分辨率为 176×144 像素。

SVGA：全称 Super VGA，分辨率为 800×600 像素，另外有 SXGA+（1400×1050 像素）、UXGA（1600×1200 像素）、QXGA（2048×1536 像素）。

WXGA：WXGA（1280×800 像素）多用于 13 ~ 15 寸的笔记本电脑。WXGA+（1440×900 像素）多用于 19 寸宽屏；WSXGA+（1680×1050 像素）多用于 20 寸和 22 寸的宽屏，也有部分 15.4 寸的笔记本使用这种分辨率；WUXGA（1920×1200 像素）多用于 24 ~ 27 寸的宽屏显示器；而 WQXGA（2560×1600 像素）多用于 30 寸的 LCD 屏幕。

1.1.3 屏幕颜色

这里所指的屏幕颜色实质上是色阶的概念。色阶是表示手机显示屏亮度强弱的指数标准，也就是通常所说的色彩指数。目前手机的色阶指数从低到高可分为：最低单色，其次是 256 色、4096 色、65536 色、26 万色、1600 万色。256 色 $=2^8$ 即 8 位彩色，以此类推，4096 色 $=2^{12}$；65536 色

=2^{16}，即通常所说的 16 位真彩色；26 万色 =2^{18}，也就是 18 位真彩色。其实 65536 色已基本可满足我们肉眼的识别需求，如图 1-2 所示。

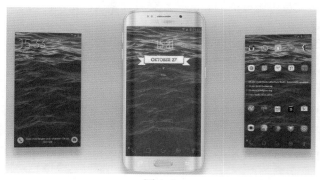

图 1-2

在测试手机屏幕的色彩时，可以依据以下 3 个指标：红绿蓝三原色的显示效果、色彩过渡的表现和灰度等级的表现。

1.2　UI 设计

UI 即 User Interface 的简称。UI 设计是指对软件的人机交互、操作逻辑、界面美观的整体设计。好的 UI 设计不仅使软件变得有个性、有品位，而且使软件的操作变得舒适、简单、自由，充分体现软件的定位和特点。

1.2.1　什么是 UI 设计

UI 的本意是用户界面，是英文 User 和 Interface 的缩写。从字面上看是用户与界面两个部分组成，但实际上还包括用户与界面之间的交互关系。UI 设计是为了满足专业化、标准化需求而对软件界面进行美化、优化和规范化的设计分支，具体包括软件启动界面设计、软件框架设计、按钮设计、面板设计、菜单设计、标签设计、图标设计、滚动条及状态栏设计、安装过程设计、包装及商品化等，如图 1-3 所示。

图 1-3

1.2.2　主要性能

UI 设计需要保证作品的设计目标一致、元素外观一致、交互行为一致、可理解、可达到和可控制。

设计目标一致：软件中往往存在多个组成部分（组件、元素），不同组成部分之间的交互设计目标需要一致。

元素外观一致：交互元素的外观往往影响用户的交互效果。同一类软件采用风格一致的外观，对于保持用户焦点，改进交互效果有很大帮助。

交互行为一致：在交互模型中，对于不同类型的元素，用户触发其对应的行为事件后，其交互行为需要一致。

可理解：软件被用户使用，用户必须理解软件各元素对应的功能。

可达到：用户是人机交互中重要的组成部分，交互元素应满足用户对于相应功能的需求，因此交互元素必须达到用户的要求。

可控制：软件进行交互的流程，必须能够达到用户可以控制的要求。

1.2.3 相关控件

UI 控件的三要素为绘制、数据和控制。首先，展现在人们视线中的是可见的，那就是绘制，每一个控件都有自己的样子，就跟人的相貌一样。然后是数据，控件也需要自己的数据，如果没有数据，这些控件的使用将会变得没有意义。最后一个就是控制了，最典型的就是 Button（按钮）了，这是用户与界面交互的关键。

Web UI 控件：图表和图形、日期和日历、组合框、对话框、进度条、所见即所得编辑器和条形码等可交互控件。

iOS UI 控件：按钮、开关、滑块、工具栏和 Web View 等控件。

Android UI 控件：文本、按钮、状态开关、单选与复选、图片、时钟、日期和时间选择等控件。

Windows Phone 控件：磁贴、日历、按钮、输入和下拉列表等控件。

1.2.4 手机 UI 设计

手机 UI 设计是手机软件的人机交互、操作逻辑、界面美观的整体设计。置身于手机操作系统中的人机交互窗口，设计界面必须基于手机的物理特性和软件的应用特性进行合理设计，界面设计师首先应对手机的系统性能有所了解。手机 UI 设计一直被业界称为产品的"脸面"，好的 UI 设计不仅使软件变得有个性、有品位，而且使软件的操作变得舒适、简单、自由，充分体现软件的定位和特点。

Face UI 是一家专注于手机系统、APP 应用、智能家居等移动领域的 UI 公司，其设计师根据多年设计第三方应用的经验，以实用和独特的想法提出了 6 个手机 UI 设计的技巧，分别为一目了然、输入便捷、呈用户所需、屏幕方向可旋转、应用个性化和精心细节，希望使新手机应用在发布前提升质量，最大化发掘该应用的潜力，从而最小化用户差评和低下载量这种不良结果。如图 1-4 所示为设计合理的手机界面。

图 1-4

1.2.5 手机 UI 设计的特点

与平面 UI 设计相比，手机 UI 设计有着更多的局限性，最主要的限制来自于手机屏幕的尺寸。总体来说，手机 UI 设计具有以下 4 个特征。

(1) 手机界面交互过程不宜设计得过于复杂，交互步骤不宜太多，这可以提高操作的便利性，进而提高操作效率。

(2) 手机的显示屏相对较小，能够支持的色彩也比较有限，可能无法正常显示颜色过渡过于丰富的图像效果，这就要求界面中的元素尽可能处理得简洁。时下流行的扁平化风格可谓将这点贯彻到了极致。

(3) 不同系统的手机支持的图像格式、音频格式和动画格式不一样,所以在设计之前要充分收集资料,对不同系统进行配置选择。

(4) 不同型号的手机屏幕比例不一致,所以设计时还要考虑图片的自适应问题和界面元素图片的布局问题。

 通常来说,手机 UI 界面会按照最常用、最大尺寸的屏幕进行制作,然后分别为不同尺寸的屏幕各切出一套图,这样就可以保证大部分的屏幕都可以正常显示。

1.2.6　手机 UI 与平面 UI 的区别

手机 UI 的平台主要是手机的 APP 客户端。而平面 UI 的范围则非常广泛,包括绝大部分 UI 的领域。手机 UI 的独特性,例如尺寸要求、控件和组件类型,使平面设计师需要重新调整审美。手机的界面设计完全可以做到完美,但需要无数设计师的共同创新和努力。很多设计师存在的问题是不能够合理布局,不能够合理地将网站设计的构架理念转换到手机界面的设计上,常常会觉得手机界面限制非常多,觉得自己的创意发挥空间太小,表达的方式也非常有限,甚至会感觉很死板。但真实的情况并不是这样,通过了解手机的空间,应用合理的创意,同样可以完成优秀的 UI 设计。需要注意的是,手机 UI 设计受到手机系统的限制。因此,在设计手机 UI 时,要先确认适用的系统。如图 1-5 所示为 iOS 系统和 Android 系统中的图标对比。

图 1-5

1.3　设计中的色彩搭配

在手机 APP 界面设计中,色彩是很重要的一个 UI 设计元素。运用恰当的色彩搭配,可以为 UI 界面设计加分。总体而言,配色应遵循 4 条原则,分别是协调统一、有重点色、色彩平衡和对立色调和。

1.3.1　色彩的意象

色彩有各种各样的心理效果和情感效果,会引起受众各种各样的感受和遐想。例如,看到绿色,会联想到树叶和草坪的形象;看见蓝色,会联想到大海和蓝天的形象。当看见某种色彩或者听到某种色彩的名称时,人们心里往往会自动描绘出这种色彩带来的感受。如图 1-6 所示为一些常见色彩的意象。

色 系	色彩意象
	热情、张扬、高调、艳丽、侵略、暴力、血腥、警告、禁止。
	明亮、华丽、健康、温暖、辉煌、欢乐、兴奋。
	温暖、亲切、光明、疾病、懦弱，适用于仪器或儿童类 APP。
	希望、生机、成长、环保、健康，经常被用于表示与财政有关的事物。
	沉静、辽阔、科学、严谨、冰凉、保守、冷漠、忧郁，经常被用于表现科技感和高端的感觉。
	高贵、浪漫、华丽、忠诚、神秘、憋闷、恐怖、死亡。很多科幻片和灾难片都使用青紫色来渲染恐怖和末日的景象。
	柔美、甜蜜、可爱、温馨、娇嫩、青春、明快、恋爱。
	自然、淳朴、舒适、可靠、敦厚、有益健康。反面来说，被认为不够鲜明，可以尝试使用较亮的色彩进行调和。
	稳重、高端、精致、现代感、黑暗、死亡、邪恶。很多大牌网站很喜欢使用黑色表现企业的高端和产品的品质感。
	纯洁、天真、和平、洁净、冷淡、贫乏、苍白、空虚，白色在中国代表死亡。

图 1-6

1.3.2 手机 APP UI 设计的用色规范

色轮图是研究颜色相加混合的一种实验工具。手机 APP 标准色分为重要、一般和弱 3 种使用规范，主要内容如图 1-7 所示。

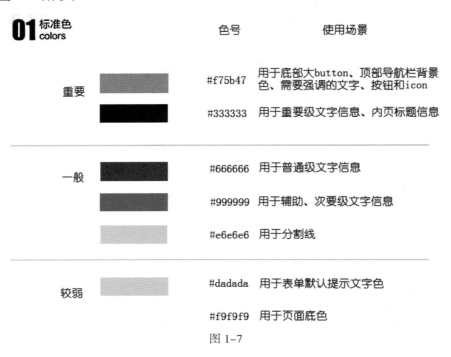

	色号	使用场景
重要	#f75b47	用于底部大 button、顶部导航栏背景色、需要强调的文字、按钮和 icon
	#333333	用于重要级文字信息、内页标题信息
一般	#666666	用于普通级文字信息
	#999999	用于辅助、次要级文字信息
	#e6e6e6	用于分割线
较弱	#dadada	用于表单默认提示文字色
	#f9f9f9	用于页面底色

图 1-7

　　重要标准色：重要颜色中一般不超过 3 种，在上图的示例中，红色主要用于特别需要强调和突出的文字、按钮和图标，而黑色用于重要级文字信息，例如标题、正文等。

　　一般标准色：一般标准色通常都是相近的颜色，而且比重要颜色弱，普遍用于普通级信息及引导词，例如提示性文案或者次要的文字信息。

　　较弱标准色：较弱标准色普遍用于背景色和不需要显眼的边角信息。

1.3.3　UI 调色板

　　调色板以一些基础色为基准，通过填充光谱为 Android、Web 和 iOS 环境提供一套完整可用的颜色，如图 1-8 所示。

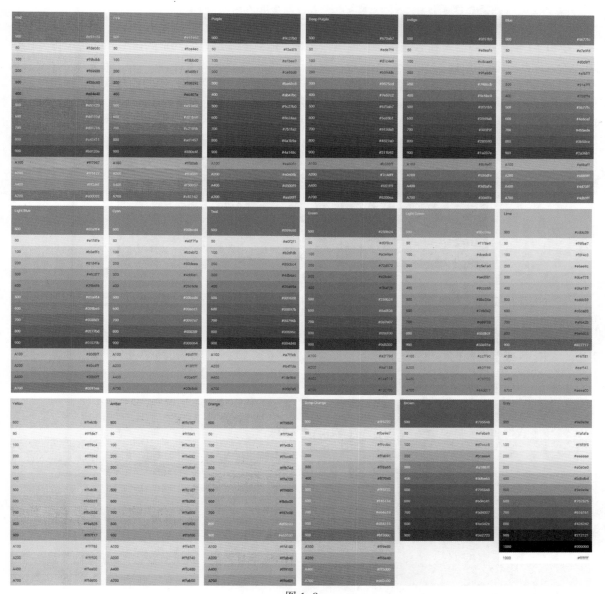

图 1-8

　　在进行设计时需要限制颜色的数量，在众多基础色中选出同一色系中的三个不同色度以及一个强调，强调色作为备用色存在，如图 1-9 所示。

图 1-9

1.3.4 APP 界面设计中色彩运用原理与对比原则

　　手机 APP 界面要给人简洁整齐、条理清晰之感，依靠的就是界面元素的排版和间距设计，还有色彩的合理而舒适的搭配。其色彩运用原理与需要遵循的对比原则如下。

　　设计色调的统一：针对软件类型以及用户工作环境选择恰当的色调，例如安全软件，绿色体现环保，紫色代表浪漫，蓝色表现时尚等。总之，淡色系让人舒适，暗色为背景让人不觉得累。总体而言，需要保证整体色调的协调统一，重点突出，使作品更加专业和美观，如图 1-10 所示。

图 1-10

　　标准界面的采用：标准界面的作用主要是应对用户没有自己设定界面的情况，可以做到与操作系统保持统一，通过读取系统标准色表再去进行选择。

　　有重点色：配色时，可以选取一种颜色作为整个界面的重点色，这种颜色可以被运用到焦点图、按钮、图标，或者其他相对重要的元素上，使之成为整个页面的焦点，如图 1-11 所示。这是一种非常有效的构建页面信息层级关系的方法。

图 1-11

提示　　重点色绝对不应该用于主色和背景色等面积较大的色块，而应该是强调界面中重要元素的小面积零散色块。

考虑色盲色弱用户：在进行设计的时候，不要忽视了色盲色弱群体。即便使用了特殊颜色表示重点或者特别的东西，也应该使用特殊指示符、着重号、图标等。

颜色方案的测试：颜色方案的测试是必需的，因为显示器、显卡的问题，色彩的表现在每台机器上都不一样，所以应该经过严格测试，通过不同的机器去进行颜色测试。

遵循对比原则：对比原则很简单，就是浅色背景上使用深色文字，深色背景上使用浅色文字。例如蓝色文字以白色作为背景容易识别，而在红色背景上则不易分辨，原因是红色和蓝色没有足够反差，但蓝色和白色反差很大。除非特殊场合，杜绝使用对比强烈、让人产生憎恶感的颜色。

色彩类别的控制：整个界面的色彩尽量少使用类别不同的色彩，以免眼花缭乱，反而让整个界面出现混杂感，界面需要保持干净，如图 1-12 所示。

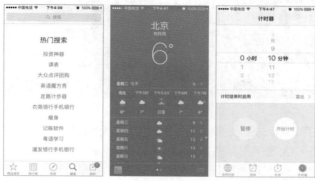

图 1-12

1.3.5　色彩的搭配方法

当不同的色彩搭配在一起时，受色相、彩度、明度的影响，会使色彩的效果产生变化。两种或者多种浅色搭配在一起不会产生对比效果，同理多种深色搭配在一起也不吸引人。但是，当一种浅色和一种深色混合在一起时，浅色会显得更浅，深色会显得更深。如图 1-13 所示为一些比较常见的配色方案。

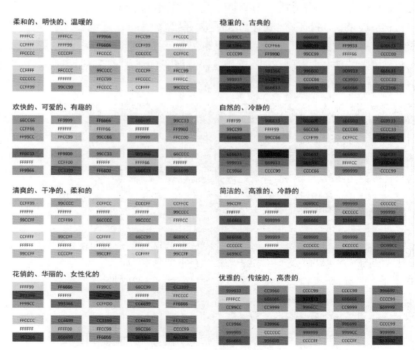

图 1-13

1.4　图标的格式

图标是一种计算机图形，它具有明确的指代含义，也常被称为 Logo，是 20 世纪 90 年代伴随 IT 产业出现的一个技术词汇，原指计算机软件编程中为使人机界面更加易于操作和人性化而设计出的标识特定功能的图形标志。其中手机界面中的图标是功能标识，如图 1-14 所示为 iOS 9 的界面图标。

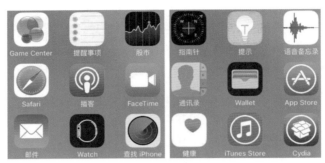

图 1-14

计算机图像文件的存储格式主要可以分为两类：位图和矢量，位图格式包括 PSD、TIFF、BMP、PNG、GIF 和 JPEG 等；矢量格式包括 AI、EPS、FLA、CDR 和 DWG 等。手机 UI 界面的各种元素通常仅会以 PNG、GIF 和 JPEG 格式进行存储。

1.4.1　JPEG 格式

JPEG 格式是目前网络上最流行的也是最常见的图像格式，是可以把文件压缩到最小的格式，而且还是一种很灵活的格式，具有调节图像质量的功能，允许用不同的压缩比例对文件进行压缩，支持多种压缩级别。JPEG 格式压缩的主要是高频信息，压缩比率通常在 10：1 到 40：1 之间。压缩比越大，品质就越低；反之，压缩比越小，品质就越好。它对色彩信息保留较好，适用于互联网，可以减少图像的传输时间，可以支持 24 位真彩色，也普遍应用于需要连续色调的图像。下面是 JPEG 格式的优缺点。

优　点	缺　点
1. 摄影或写实作品支持高级压缩	1. 有损耗压缩会使图片质量下降
2. 利用可变的压缩比控制文件大小	2. 压缩幅度过大，不能满足打印输出
3. 支持交错	3. 不适合存储颜色少、具有大面积相近颜色的区域，或亮度变化明显的简单图像
4. JPEG 广泛支持网络标准	

 当重新编辑和保存 JPEG 文件时，编辑后的 JPEG 图片相较于原图片来说质量会有所下降，而且这种下降是累积性的，也就是说每编辑存储一次就会下降一次。

1.4.2　PNG 格式

PNG 全称为便携式网络图形，是被网络接受的最新图像文件格式。PNG 能够提供长度比 GIF 小 30% 的无损压缩图像文件，它同时提供 24 位和 48 位真彩色图像支持以及其他诸多技术性支持。由于 PNG 格式非常新，所以并不是所有的程序都可以用它来存储图像文件，但 Photoshop 可以处理 PNG 图像文件，也可以用 PNG 图像文件格式存储。下面是 PNG 格式的优缺点。

优　点	缺　点
1. 支持高级别无损耗压缩	1. 较老的程序或浏览器不支持
2. 支持 Alpha 通道透明度	2. PNG 提供的压缩量较小
3. 支持伽玛校正	3. 对多图像文件或动画文件不提供支持
4. 支持交错	
5. Web 浏览器支持	

案例 1　**制作 iOS 9 拨号图标**
教学视频：视频 \ 第 1 章 \1-4-2.mp4　源文件：源文件 \ 第 1 章 \1-4-2.psd

案例分析：
　　这款图标为 iOS 9 中的拨号图标，它的底座有轻微的渐变色，还有小幅度的描边和斜面浮雕效果。此外，白色的电话图形对"钢笔工具"的操作技巧略有要求。

01 执行"文件 > 新建"命令，新建一个 1300×1300 像素的空白文档，如图 1-15 所示。填充背景色为 RGB(128、127、127)，显示标尺，拖出参考线，帮助定位图形，如图 1-16 所示。

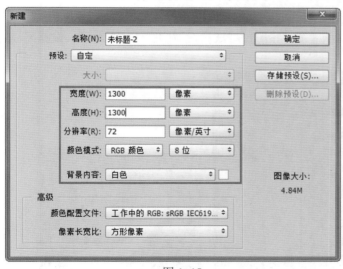

图 1-15

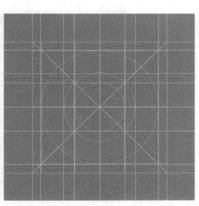

图 1-16

02 单击工具箱中的"圆角矩形工具"按钮，沿着参考线创建一个半径为 200 像素、填充颜色为 RGB（100、103、110）的圆角矩形，如图 1-17 所示。双击图层缩览图，打开"图层样式"对话框，为其添加"渐变叠加"样式，设置参数如图 1-18 所示。

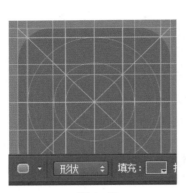

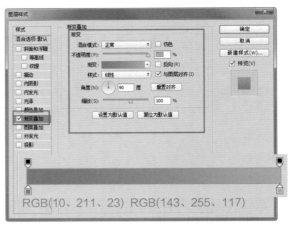

RGB(10、211、23) RGB(143、255、117)

图 1-17　　　　　　　　　　　　　　　　　图 1-18

03 　设置完成后得到图标的效果，如图 1-19 所示。单击工具箱中的"钢笔工具"按钮，在图标中绘制电话形状，根据参考线调整图形的位置，如图 1-20 所示。

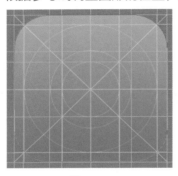

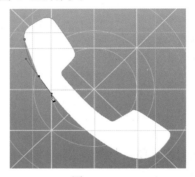

图 1-19　　　　　　　　　　　　　　　　　图 1-20

04 　打开"图层样式"对话框，为形状添加"投影"样式，设置如图 1-21 所示。设置完成后得到图标效果，如图 1-22 所示。

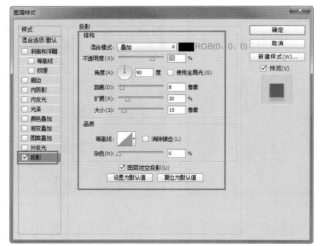

图 1-21　　　　　　　　　　　　　　　　　图 1-22

05 　单击工具箱中的"椭圆工具"按钮，在图标右上方绘制一个填充颜色为 RGB（229、42、42）的正圆，如图 1-23 所示。打开"字符"面板，适当设置字符属性，如图 1-24 所示。

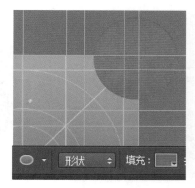

图 1-23

图 1-24

06 　使用"横排文字工具"在正圆中输入数字，如图 1-25 所示。打开"图层样式"对话框，为文字添加"投影"样式，如图 1-26 所示。

图 1-25

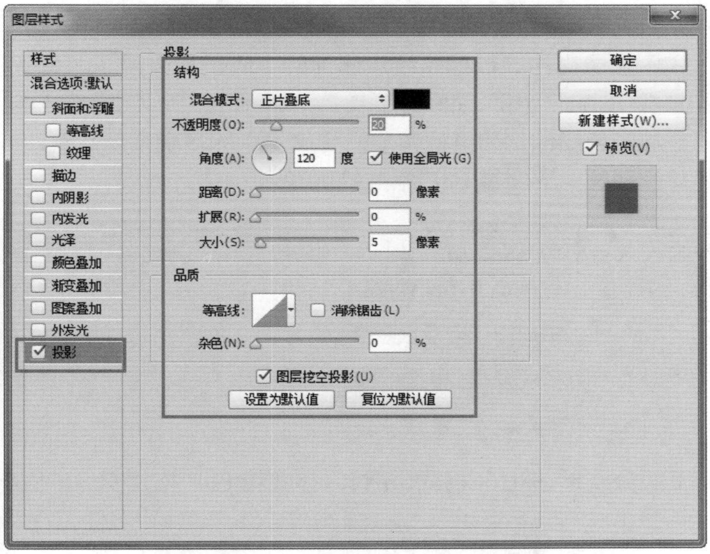

图 1-26

07 　设置完成后得到文字效果，如图 1-27 所示。将无关的图层隐藏，按下 Shift 和 Ctrl 键，分别单击红色正圆、绿色图标缩览图，载入它们的选区，如图 1-28 所示。

图 1-27

图 1-28

08 　执行"图像 > 裁剪"命令，裁掉选区以外的部分，如图 1-29 所示，效果如图 1-30 所示。

09 　执行"文件 > 存储为 Web 所用格式"命令，弹出"存储为 Web 所用格式"对话框，将该图标存储为 140×140 像素的 PNG 格式，如图 1-31 所示。图标最终效果如图 1-32 所示。

图 1-29   图 1-30   图 1-31   图 1-32

1.4.3 GIF 格式

图形交换格式简称 GIF，是 CompuServe 公司在 1987 年开发的图像文件格式。GIF 文件的数据是一种基于 LZW 算法的连续色调的无损压缩格式，其压缩率一般在 50% 左右。它不属于任何应用程序，几乎所有相关软件都支持，公共领域有大量的软件在使用 GIF 图像文件。

GIF 图像文件的数据是经过压缩的，而且是采用了可变长度等压缩算法。所以 GIF 的图像深度从 I bit 到 8 bit，也即 GIF 最多支持 256 种色彩。GIF 格式的另一个特点是其在一个 GIF 文件中可以存多幅彩色图像，如果把存于一个文件中的多幅图像数据逐幅读出并显示到屏幕上，就可构成一个最简单的动画。下面是 GIF 格式的优缺点。

优 点	缺 点
1. 储存颜色少，体积小，传输速度快	1. 只支持 256 种色彩，极易造成颜色失真
2. 动态 GIF 可以用来制作小动画	2. 不支持真彩色
3. 适合储存线条颜色及简单的图像	3. 不支持完全的透明
4. 支持渐进式显示方式	

下面分别是 JPEG 格式、PNG 格式和 GIF 格式文件的图标，如图 1-33 所示。

JPEG 格式   PNG 格式   GIF 格式

图 1-33

提示 以上 3 种图像格式的图标很直观地表现出了各自的特点：JPEG 格式适合存储颜色变化丰富的图像，PNG 格式支持透明，GIF 格式适合存储色彩和形状简单的图形。

1.4.4 其他常用格式

图片格式作为计算机储存图片的方式，除了前面讲到的 3 种最常用格式，还有很多其他格式，如 BMP、TIFF、PSD 和 AI 等。

1. BMP

BMP(位图) 是一种与硬件设备无关的图像文件格式，使用非常广泛。它采用位映射存储格式，除了图像深度可选以外，不采用其他任何压缩，因此 BMP 文件所占用的空间很大。BMP 文件的图像深度可选 l bit、4 bit、8 bit 及 24 bit。BMP 文件存储数据时，图像的扫描方式是按从左到右或从下到上的顺序。

 由于 BMP 文件格式是 Windows 环境中交换与图有关的数据的一种标准，因此在 Windows 环境中运行的图形图像软件都支持 BMP 图像格式。典型的 BMP 图像文件由三部分组成：位图文件头数据结构、显示内容等信息以及定义颜色等信息。

2. TIFF

TIFF(标签图像文件) 是由 Aldus 和 Microsoft 公司为桌上出版系统研制开发的一种较为通用的图像文件格式。 TIFF 格式灵活易变，它又定义了四类不同的格式：TIFF-B 适用于二值图像，TIFF-G 适用于黑白灰度图像，TIFF-P 适用于带调色板的彩色图像，TIFF-R 适用于 RGB 真彩图像。

 TIFF 支持多种编码方法，其中包括 RGB 无压缩、RLE 压缩、JPEG 压缩等，是现存图像文件格式中最复杂的一种，它具有扩展性、方便性、可改性的特点，由三个数据结构组成，分别为文件头、一个或多个称为 IFD 的包含标记指针的目录以及数据本身。

3. PSD

PSD 格式是 Photoshop 图像处理软件的专用文件格式，可以支持图层、通道、蒙版和不同色彩模式的各种图像特征，是一种非压缩的原始文件保存格式。扫描仪不能直接生成这种格式的文件。PSD 文件有时容量会很大，但由于它可以保留所有原始信息，在图像处理中对于尚未制作完成的图像，选用 PSD 格式保存是最佳的选择。

4. AI

AI 格式是一种矢量图形文件，是 Adobe 公司的 Illustrator 输出格式。与 PSD 格式文件相同，AI 也是一种分层文件，每个对象都是独立的，它们具有各自的属性，如大小、形状、轮廓、颜色、位置等。以这种格式保存的文件便于修改，可以在任何尺寸大小下按最高分辨率输出。它的兼容度比较高，可以在 CorelDRAW 中打开，也可以将 CDR 格式的文件导出为 AI 格式。

1.5　手机界面设计的尺寸标准

在手机 UI 设计中，分辨率和尺寸大小与手机 UI 设计紧密相关，在设计时需要了解设计平台的精确参数，这样才能保证设计出的作品在该平台显示正常。

1.5.1　分辨率

分辨率是屏幕图像的精密度，是指显示器所能显示的像素的多少。手机屏幕上的任何文字和图形都是由像素点组成的，屏幕可显示的像素点越多，画面越精细，屏幕内显示的信息也越多。例如，分辨率为 240×320 像素的手机屏幕，横向每行有 240 个像素点，纵向每列有 320 个像素点，那么该手机屏一共有 320×240=76800 个像素点。

在同样大的物理面积内，像素点越多，显示的图像越清晰。以三星 S5 和三星 S6 来说，它们的屏幕尺寸都是 5.1，但是三星 S5 的分辨率是 1920×1080=2073600 个像素点，三星 S6 的分辨率是 2560×1400=3584000 个像素点，因此三星 S6 显示的图像质量比三星 S5 要高，如图 1–34 所示。下面列出几款目前手机的分辨率。

图 1–34

- iPhone 6s 是 4.7 英寸，分辨率为 1334×750 像素。
- iPhone 6s Plus 是 5.5 英寸，分辨率为 1920×1080 像素。
- Galaxy S6 是 5.1 英寸，分辨率为 2560×1440 像素。
- Galaxy Note 5 是 5.7 英寸，分辨率为 2560×1440 像素。
- 小米 M5 是 5.2 英寸，分辨率为 1920×1080 像素。

> 常用的分辨率单位包括几种：像素 / 英寸（PPI）适用于屏幕显示；点 / 英寸（DPI）适用于打印机等输出设备；线 / 英寸（LPI）适用于印刷报纸所使用的网屏印刷技术。

1.5.2 英寸

英寸是长度单位，1 英寸=2.539999918 厘米。手机的屏幕尺寸统一使用英寸来计量，其指的是屏幕对角线的长度，数值越高，屏幕越大。

市场上包括手机在内的很多电子产品的屏幕尺寸均使用英寸为计算单位，这是因为电子产品屏幕尺寸计算时使用的是对角线长度，而业界一般情况下也是将对角线的长度默认为屏幕尺寸的规格，如图 1–35 所示。

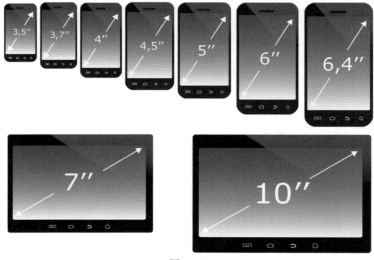

图 1–35

提示　常见的手机尺寸有 3.5 英寸、4 英寸、4.3 英寸、4.7 英寸、5 英寸、5.1 英寸、5.5 英寸和 5.7 英寸等规格。

1.5.3　网点密度

网点密度通常被叫作 DPI，一般是指每英寸的像素，类似于密度，即每英寸图片上的像素点数量，用来表示图片的清晰度。DPI 越高，显示的画面质量就越精细。

提示　在手机 UI 设计的过程中，DPI 需要与相应的手机匹配，因为低分辨率的手机无法满足高 DPI 图片对于手机硬件的需求，显示的效果反而会很差。

1.5.4　屏幕密度

屏幕密度又叫作 PPI，是图像分辨率所使用的单位，意思是在图像中每英寸所表达的像素数目。从手机 UI 设计的角度来说，图像的分辨率越高，所打印出来的图像也就越细致与精密。实践证明，PPI 低于 240，人的视觉可以察觉有明显的颗粒感；PPI 高于 300 则无法察觉。理论上讲超过 300PPI 才没有颗粒感。屏幕的清晰程度其实是由分辨率和尺寸大小共同决定的，用 PPI 指数衡量屏幕清晰程度更加准确。屏幕密度的计算方法如图 1-36 所示。

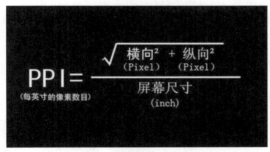

图 1-36

1.6　常用的软件工具

比较常用的手机 UI 设计软件有 Photoshop、Illustrator 和 3ds Max 等，利用这些软件各自的优势和特征，可分别用来创建 UI 界面中的不同部分。此外 IconCool Studio 和 Image Optimizer 等小软件也可以用来快速创建和优化图像。

1.6.1　Photoshop

Adobe Photoshop 简称 PS，是美国 Adobe 公司旗下最为出名的图像处理软件系列之一，是集图像扫描、编辑修改、图像制作、广告创意、图像输入与输出于一体的图形图像处理软件。Photoshop 的软件界面主要由 5 部分组成：菜单栏、工具箱、选项栏、面板和文档窗口，如图 1-37 所示。

图 1-37

　　菜单栏：菜单栏中包括"文件"、"编辑"、"图像"、"图层"、"文字"、"选择"、"滤镜"、"3D"、"视图"、"窗口"和"帮助"11 个菜单项，涵盖了 Photoshop 中几乎全部的功能，用户可以在某一个菜单中找到相关的功能，如图 1-38 所示为"文件"菜单中的命令。

　　工具箱：工具箱中存放着一些比较常用的工具，例如"移动工具"、"画笔工具"、"钢笔工具"、"横排文字工具"和各种形状工具等。此外，设置前景色和背景色也在工具箱中进行，如图 1-39 所示。

　　面板：用户可以通过"窗口"菜单打开不同的面板，这些面板主要用于对某种功能或工具进行进一步的设置，最为常用的是"图层"面板，如图 1-40 所示。

图 1-38　　　　　　　图 1-39　　　　　　图 1-40

　　选项栏：选项栏位于菜单栏下面，主要用于显示当前使用工具的各项设置参数，是实现不同处理和绘制效果的主要途径之一。不同工具的选项栏会显示不同的参数，如图 1-41 所示分别为"魔棒工具"、"渐变工具"和"文字工具"的选项栏。

图 1-41

文档窗口：文档窗口是显示文档的区域，也是进行各种编辑和绘制操作的区域。

 制作 iOS 9 快捷按钮
教学视频：视频 \ 第 1 章 \1-6-1.mp4　　　　源文件：源文件 \ 第 1 章 \1-6-1.psd

案例分析：
　　该案例使用 Photoshop 制作了 iOS 9 中的快捷按钮，作为 iOS 9 中的快捷按钮，相对于之前 iOS 8 没有做出过多改动，主要依靠"钢笔工具"和基本图形工具制作。

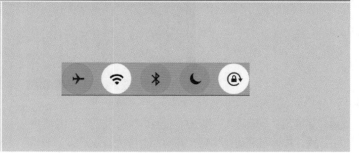

01 执行"文件 > 新建"命令，在弹出的"新建"对话框中设置各项参数，如图 1-42 所示。填充画布颜色为 RGB（177、167、180），执行"视图 > 标尺"命令，在画布中拖出参考线，如图 1-43 所示。

图 1-42　　　　　　　　　　　　　　　　　　图 1-43

02 单击工具箱中的"椭圆工具"按钮，在选项栏中设置工具模式为"形状"，设置"填充"为黑色，"描边"为无，在画布中绘制如图 1-44 所示的椭圆。修改图层"填充"为 7%，"图层"面板如图 1-45 所示。

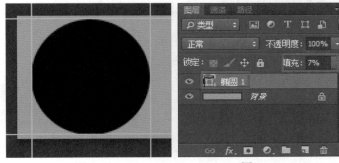

图 1-44　　　　　　　　　图 1-45

03 ✓ 完成设置后效果如图1–46所示。单击工具箱中的"钢笔工具"按钮,设置"填充"颜色为RGB(0、18、32)，在圆形中间绘制形状，如图 1–47 所示。

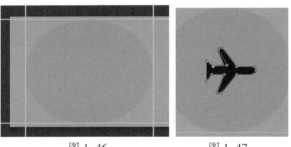

图 1-46　　　　　　　　图 1-47

04 ✓ 复制"椭圆 1"图层，使用"移动工具"将其拖曳到合适的位置，并在选项栏中设置其"填充"为白色，并修改图层"填充"不透明度为100%，"图层"面板如图 1–48 所示，效果如图 1–49 所示。

 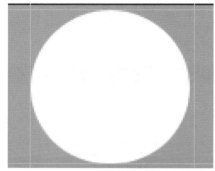

图 1-48　　　　　　　　　　图 1-49

05 ✓ 单击工具箱中的"矩形工具"按钮，在选项栏中设置工具模式为"形状"，设置"填充"为黑色，在画布中绘制如图 1–50 所示的矩形。使用鼠标右键单击工具箱中的"钢笔工具"按钮，在弹出的菜单中选择"添加锚点工具"，在矩形的上下两条边上添加锚点，如图 1–51 所示。

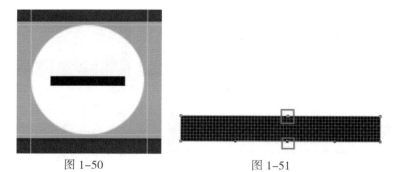

图 1-50　　　　　　　　图 1-51

06 ✓ 按住 Ctrl 键的同时拖动添加的锚点，如图 1–52 所示。完成移动描点后，效果如图 1–53 所示。

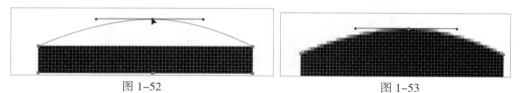

图 1-52　　　　　　　　　　图 1-53

07 使用相同的方法拖动其他锚点，使其变形，效果如图 1-54 所示。设置"路径操作"为"合并形状"，在画布中绘制矩形，如图 1-55 所示。

图 1-54　　　　　　　　　　　图 1-55

08 使用相同的方法添加并拖动锚点，使其变形，效果如图 1-56 所示。使用相同的方法完成相似内容的制作，如图 1-57 所示。

图 1-56　　　　　　　图 1-57

提示　制作无线图标有多种方法，还可以尝试通过绘制同心圆之后截取圆形的一部分和钢笔工具绘制来制作。

09 使用相同的方法完成其他几个图标的制作，调整图层顺序和每个图标的位置，最终效果如图 1-58 所示。

图 1-58

1.6.2　Illustrator

Adobe Illustrator 是美国 Adobe 公司推出的应用于出版、多媒体和在线图像的工业标准专业矢量绘图工具。作为一款非常好的图形绘制和处理工具，Adobe Illustrator 被广泛应用于印刷出版、专业插画、多媒体图像处理和互联网页面的制作等，也可以为线稿提供较高的精度和控制，适合制作各种小型设计及大型复杂的项目。

Adobe Illustrator 的界面同样由 5 部分组成，即菜单栏、选项栏、工具箱、文档窗口和面板，如图 1-59 所示。

菜单栏 ——

选项栏

工具箱 ——

文档窗口

面板

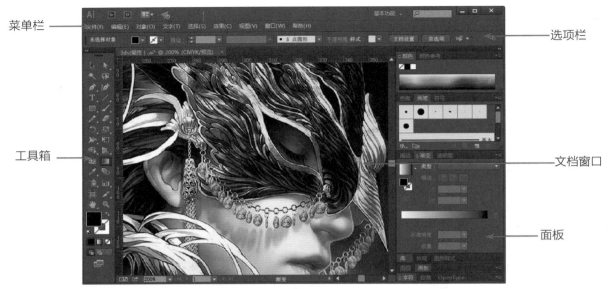

图 1-59

提示

Adobe Illustrator 软件使用 Adobe Mercury 支持，能够高效、精确地处理大型复杂文件，可以快速地设计流畅的图案以及对描边使用渐变效果，从而快速又精确地完成设计。通过其强大的性能为用户提供了复杂的艺术效果以及丰富的排版方式，可以自由尝试各种创意并传达创作理念。

菜单栏：菜单栏中提供了多种菜单命令。Illustrator CC 中有 10 个主菜单，每一个菜单中都包含相应类型的命令。例如，"滤镜"菜单中包含各种滤镜命令，"效果"菜单中包含各种效果命令。

选项栏：选项栏也称控制栏，显示当前所选工具的选项。根据所选择工具的不同，选项栏中的选项内容也会随之改变。

工具箱：工具箱中包含用于创建和编辑图像、图稿以及其他页面元素的工具。

文档窗口：文档窗口中显示了正在使用的文件，它是编辑和显示文档的区域。

面板：用于配合编辑图稿、设置工具参数和选项等内容的操作。很多面板都有菜单，包含特定于该面板的选项，可以对面板进行编组、堆叠和停放等操作。

1.6.3 3ds Max

3ds Max 全称为 3D Studio Max，是 Autodesk 公司开发的三维动画渲染和制作软件，它被广泛应用于广告、影视、工业设计、建筑设计、多媒体制作、游戏、辅助教学以及工程可视化等领域。如图 1-60 所示为 3ds Max 的操作界面。

提示

3ds Max 功能强大，扩展性好，建模功能强大，在角色动画方面具备很强的优势。另外，丰富的插件也是其一大亮点，操作简单，容易上手。与强大的功能相比，3ds Max 可以说是最容易上手的 3D 软件，和其他相关软件配合流畅，制作出来的效果非常逼真。

菜单栏：菜单栏位于 3ds Max 界面的上端，其排列与标准的 Windows 软件中的菜单栏有相似之处，其中包括"文件"、"编辑"、"工具"、"组"、"视图"、"创建"、"修改器"、"动画"、"图形编辑器"、"渲染"、"自定义"、"MAX Script"和"帮助"13 个菜单。

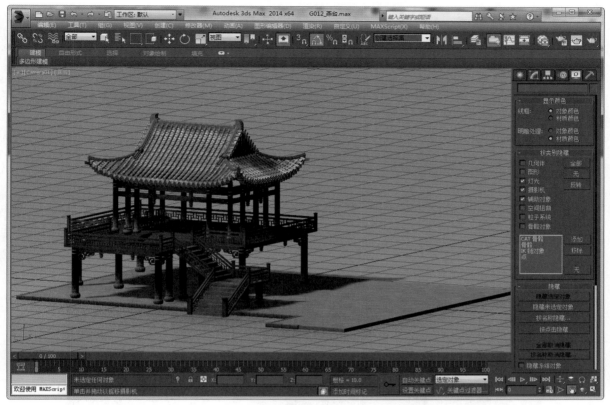

图 1-60

主工具栏：主工具栏位于菜单栏的下方，由若干个工具按钮组成，通过主工具栏上的按钮可以直接打开一些控制窗口，如图 1-61 所示。

图 1-61

动画时间控制区：动画时间控制区位于状态行与视图控制区之间，它们用于对动画时间进行控制。通过动画时间控制区可以开启动画制作模式，可以随时对当前的动画场景设置关键帧，完成的动画可在处于激活状态的视图中进行实时播放，如图 1-62 所示。

图 1-62

命令面板：命令面板由 6 个用户界面面板组成，使用这些面板可以访问 3ds Max 的大多数建模及动画功能，也可以用来显示出选择工具或其他工具，如图 1-63 所示。

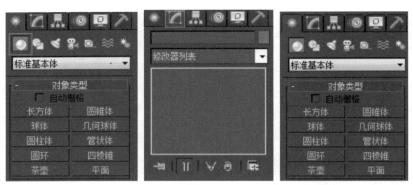

图 1-63

视图区：视图区在 3ds Max 操作界面中占据主要面积，是进行三维创作的主要工作区域，一般分为顶视图、前视图、左视图和透视视图 4 个工作窗口，通过这 4 个不同的工作窗口可以从不同的角度去观察创建的模型，如图 1-64 所示。

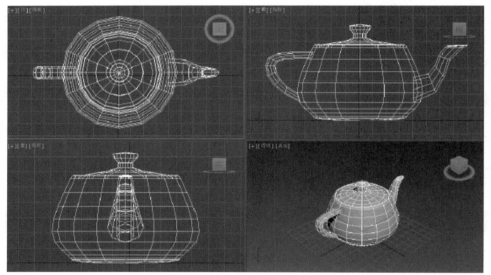

图 1-64

状态行和提示行：状态行位于视图左下方和动画控制区之间，主要分为当前状态行和提示信息行两部分，用来显示当前状态及选择锁定方式，如图 1-65 所示。

图 1-65

视图控制区：视图控制区位于视图右下角，其中的控制按钮可以控制视图区各个视图的显示状态，例如视图的缩放、选择、移动等。

如图 1-66 所示为几张立体图标示意图，若使用其他的二维绘图软件制作起来很麻烦，使用 3ds Max 很快就可以完成。

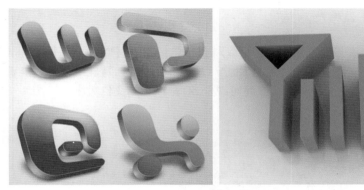

图 1-66

提示　使用 3ds Max 创建一个逼真的图标通常需要进行两项工作：建立模型和附加材质，有些复杂的部分可能还需要进行 UV 贴图等操作。

1.6.4　IconCool Studio

　　IconCool Studio 是一款非常简单的图标编辑制作软件，里面提供了一些最常用的工具和功能，如画笔、渐变色、矩形、椭圆和创建选区等。此外，还允许从屏幕中截图以进行下一步的编辑。IconCool Studio 的功能简单，操作直观简便，对 Photoshop 和 Illustrator 等大型软件不熟悉的用户可以使用这款小软件制作出比较简单的图标。如图 1-67 所示为 IconCool Studio 的操作界面。

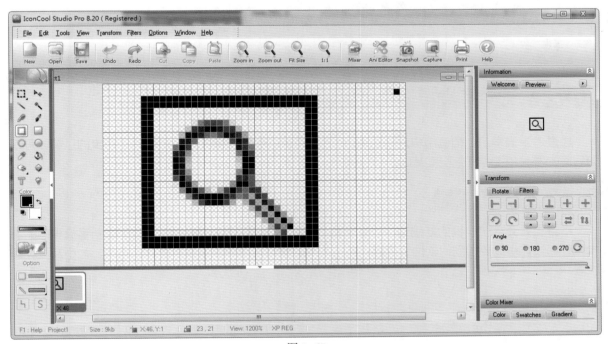

图 1-67

1.6.5 Image Optimizer

Image Optimizer 是一款图像压缩软件，可以对 JPEG、GIF、PNG、BMP 和 TIFF 等多种格式的图像文件进行压缩。该软件采用一种名为 Magi Compress 的独特压缩技术，能够在不过度降低图像品质的情况下对文件体积进行减肥，最高可减少 50% 以上的文件大小，如图 1-68 为 Image Optimizer 的操作界面。

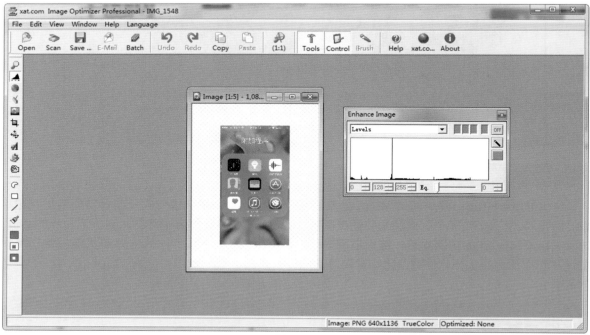

图 1-68

1.7 总结扩展

通过本章的学习，相信用户对移动 APP 界面设计的原则和相关理论知识有了初步的了解，可以为后面的学习和工作打下坚实基础。

1.7.1 本章小结

本章主要介绍了手机的基础知识以及手机 UI 设计的相关理论知识，还讲解了绘制手机界面的基本流程和设计中需要用到的软件等内容。通过本章的学习，用户应该熟悉图片的格式、大小及设计流程等。

1.7.2　课后练习——制作 iOS 9 照片图标

实战　制作 iOS 9 照片图标

教学视频：视频 \ 第 1 章 \1-7-2.mp4　　　源文件：源文件 \ 第 1 章 \1-7-2.psd

案例分析：

　　这是 iOS 9 的照片图标，该图标以简洁和扁平化为基础，加以精妙构思制作而成，它沿用了之前图标的特点，基本没有过多改动。

色彩分析：

　　这款界面以白色作为主色，多种颜色作为辅色，图标整体层次分明，给人以清新活泼的感觉。

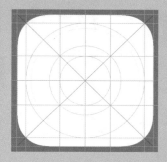

01 　新建文档，单击工具箱中的"圆角矩形工具"按钮，创建一个白色的圆角矩形。

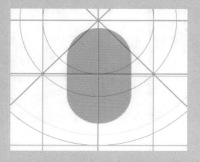

02 　使用"圆角矩形工具"在白色圆角矩形上方创建一个任意颜色的圆角矩形。

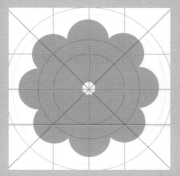

03 　通过复制和旋转图形，得到类似于一圈花瓣的效果。

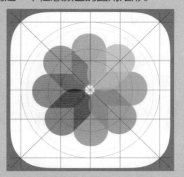

04 　分别更改每个圆角矩形的颜色、叠放顺序和不透明度，得到最终图标。

第2章　常见的手机系统

手机系统自然就是运行在手机上面的操作系统。目前较为流行的移动设备操作系统包括 Android、iOS 和 Windows Phone。除此之外还有 Firefox OS、YunOS、BlackBerry、Symbian、Palm、BADA、Windows Mobile、Ubuntu 等较小众的操作系统。本书主要对 Android、iOS 和 Windows Phone 这3种系统进行详细介绍。

本章知识点

- ✓ 了解 iOS 系统的发展过程以及开发工具
- ✓ 了解 iOS 8 与 iOS 9 的不同之处
- ✓ 了解安卓系统的历史以及基本组件
- ✓ 关于深度定制系统的相关知识
- ✓ 了解 Windows Phone 系统的发展及相关组件
- ✓ 掌握 Windows Phone 10 的相关知识

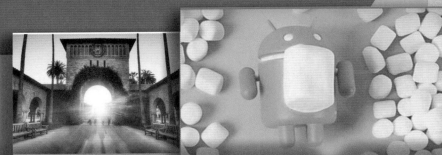

2.1　iOS 系统

iOS 是由苹果公司开发的移动操作系统。iOS 操作系统是 iPod Touch、iPad 以及 iPhone 设备的核心。构建 iOS 平台的知识与 Mac OS X 系统如出一辙，iOS 平台的许多开发工具和开发技术也源自于 Mac OS X。iPhone 软件开发包（SDK）为着手创建 iOS 应用程序提供所需要的一切。

提示　Mac OS X 系统是全世界第一个基于 FreeBSD 系统，采用"面向对象"的全面操作系统。该系统主要用于苹果电脑上。

2.1.1　iOS 的发展过程

iOS 操作系统从 2007 年开始到现在，一点点地添加功能，进行优化和演进，不断地完善，从而发展到现在的样子。目前 iOS 系统的最新版本是 2015 年 9 月 16 日发布的 iOS 9。下面就对 iOS 操作系统的发展进行详细介绍。

1. iOS 1

苹果第一款操作系统 iOS 1 于 2007 年 1 月伴随着第一代 iPhone 到来。当时在苹果 Macworld 展览会上公布，随后于同年的 6 月发布的第一版 iOS 操作系统，当时的名称为 iPhone runs OS X。第一代 iOS 操作系统就已经拥有多点触控手势、观看视频、虚拟语音邮件和在 Safari 上移动网络浏览等功能。

2008 年 1 月，添加一个支持定制的主屏，允许用户将应用转移到设备的专有页面上，此外还为 iPod Touch 用户添加部分新应用，包括邮件、地图、天气、笔记和股票等，如图 2-1 所示。

2. iOS 2

2008 年 3 月 6 日，苹果发布 iPhone SDK，并且将 iPhone runs OS X 正式改名为 iPhone OS。iOS 2 正式发布时间是 6 月 9 日。

iOS 2 伴随着 iPhone 3G 手机面世，添加了 APPStore、GPS 导航以及邮件推送功能，如图 2-2 所示。

图 2-1

图 2-2

3. iOS 3

iOS 3 操作系统与 iPhone 3GS 一起于 2009 年 6 月 8 日发布，2009 年 6 月 19 日 iPhone 3GS 正式发售。

iOS 3 在前两代的基础上增加了许多新功能，包括语音操控、多媒体信息、Spotlight 搜索、横向键盘以及剪切、复制和粘贴功能。

2010 年 3 月，苹果发布 iPad 之后，iPad 同样搭载了 iPhone OS。这年，苹果公司重新设计了 iPhone OS 的系统结构和自带程序。2010 年 6 月，苹果公司将 iPhone OS 改名为 iOS，同时还获得了思科 iOS 的名称授权，如图 2-3 所示。

4. iOS 4

iOS 4 操作系统于 2010 年 7 月正式发布。iPhone 4 和 iPad 2 都是预装 iOS 4 操作系统，新系统加入了壁纸、多任务、文件夹以及 Face Time 功能，此外还有 iBooks for iPad。iPhone 4 也成为苹果第一款支持 CDMA 网络的手机，如图 2-4 所示。

图 2-3

图 2-4

5. iOS 5

在 WWDC 2011 苹果全球开发者大会的第一日，苹果正式宣布 iOS 5 系统发布，并于 2011 年 10 月提供正式版更新与下载，如图 2-5 所示。在本次升级的 iOS 5 系统中，有 12 项重点升级，并且提供了 200 多项提升，其重点更新的内容包括以下几点。

(1) 通知中心，整合短信、邮件、通话等多种原生程序通知为一体，同时支持第三方程序的通知。

(2) iBook 内支持杂志购买。

(3) Twitter 嵌入 iOS 5 系统，用户可以随时将照片等内容直接上传至 Twitter，例如在联系人中可以找到 Twitter 好友信息。

(4) Safari 浏览器优化，书签里加入了阅读列表功能和标签功能，多个标签之间的切换更自由。

(5) Reminders 提醒功能，可以在多个设备上同步。

(6) 相机功能得到提升，用户可以在不解锁的情况下调用相机，并且可以使用音量键作为相机快门，同时可以在手机上直接处理图片，例如消除红眼、调整图片大小等。

(7) 新的邮件功能提供了字典等功能，邮件分类更明确，并且在 iPad 上键盘更适合拇指操作。

(8) PC Free 无线传输，iOS5 为移动端的用户摆脱数据线的约束，通过 Wifi 与 iTunes 进行同步，从而达到数据传输的目的。

(9) Game Center 更新，用户可以在 Game Center 账号上使用自己的头像，并可以直接在 Game Center 中购买应用程序。

(10) iMessage 使所有 iOS 5 用户通过 3G 或者 Wifi 进行"短信交流"，俨然一个文字版的 Face Time。

(11) iPad 支持可分离式键盘，可将显示屏上的虚拟键盘在显示屏左下方和右下方分为两部分，更加便于双手打字。

(12) 更新了中文与日文的输入法。iPhone 4s 的 Siri 语音控制功能暂时未出现在 iOS 5 上。

6. iOS 6

iOS 6 于 2012 年 11 月正式发布，iPhone 5 和 iPad mini 预装 iOS 6 操作系统上市，其系统内置谷歌地图和 YouTube 应用，但在此之前，用户需要手动从 APP Store 下载。

iOS 6 的主要特色是基于云的邮件、日历以及在 OS X 和 iOS 设备同步，是它融合了苹果桌面操作系统的设计灵感和元素。它们经过重新设计后，界面更加简洁，让阅读和编写邮件更加轻松，如图 2-6 所示。

图 2-5

图 2-6

支持 Passbook 是一项非常便利的功能，例如登机牌、电影票、购物优惠券、会员卡及更多票券，现都归整到 Passbook 里面。另外，iPhone 和 iPod touch 全新的全景模式，只需一个简单的动作，就可以拍摄 270°的全景照片。

7. iOS 7

iOS 7 系统于 2013 年 10 月正式发布，其设计更加简洁、扁平化，将用户从一个拟物时代直接快速进入现在的扁平化时代。新的风格大大减轻了用户的视觉压力。

iOS 7 除了扁平化设计之外，还添加了通知中心、Air Drop、iTunes Radio 以及 Car Play 等功能，相册应用得到优化。iOS 7 预装在 iPhone 5s、iPhone 5c、iPad Air 和 iPad mini2 上，如图 2-7 所示。

图 2-7

8. iOS 8

iOS 8 随着 iPhone 6 和 iPad Air2 一起到来，于 2014 年 9 月正式发布，在 iOS 7 的基础上构建，加入了 ApplePay、Health 健康应用、HandOff、QuickType、家庭分享、iCloud Drive、第三方键盘支持以及 Apple Music 等功能。

iOS 8 中的自带相机也加入了延时摄影模式和延时拍照模式。照片中加入"智能编辑"功能，例如智能调整、滤镜，还可以同步至 iCloud，多设备之间共享，支持 Windows、Mac、iOS 设备，并且 iOS 8 支持语音激活 Siri，用户可以使用"Hey,Siri"启动 Siri 虚拟助手。但 iOS 8 的缺点是更新该系统需要 4.6GB 的空间需求，如图 2-8 所示。

图 2-8

9. iOS 9

iOS 9 随着 iPhone 6s 以及 iPhone 6s Plus 一起到来，于 2015 年 8 月正式发布，新功能包括：新升级的 Note（支持简笔画和图片添加）、新升级的苹果地图（新增公共交通功能）、News 新闻应用（取代 Newsstand，显示来自 CNN 以及《连线》等媒体的新闻内容）、Passbook 改名 Wallet，添加对会员卡和礼品卡的支持、分屏多窗口功能（SlideOver、Split View 以及画中画功能）、节电模式、6 位密码和提升电池续航等，如图 2-9 所示。

 iOS 9 对空间的需求大幅减少，优化了 iOS 9 升级时的空间需求，从 iOS 8 的 4.6GB 暴降到 1.3GB。

图 2-9

2.1.2 iOS 的基本组件

iOS 界面由各式各样的组件构成，根据不同控件的特征和制作方法，才能使用户在应用的界面设计过程中做出更好的决策。其标准的 iOS 9 系统界面的组件主要包括栏、内容视图、警告框、操作列表、模式视图、登录图片和控件。

栏：通过上下文信息来指引用户所在的位置，通过控件来帮助用户导航或执行操作，主要包括状态栏、导航栏和 Tab 栏，如图 2-10 所示。

图 2-10

内容视图：包含应用的具体内容以及某些操作行为，例如滚动、插入、删除和排序等。

警告框：当用户在操作失败时，提醒用户是否再一次进行该项操作，如图 2-11 所示。

操作列表：用来显示手机用户的存储信息显示，如图 2-12 所示。

模式视图：用来显示手机的当前界面中的选项，如图 2-13 所示。

图 2-11　　　　　　　　　　图 2-12　　　　　　　　　　图 2-13

控件：基本控件包括 Button 控件、开关控件、滑块控件、分段控件、工具栏和 Web View 等。

● 　Button 控件：iPhone 的控件可制作出非常绚丽的效果，Button 可以有很多种状态，包括 Default State、Highlighted State、Selected State 和 Disabled State。

● 　开关控件：只有两种状态，打开（true）和关闭（false），也就是 iOS 应用上的"复选框"，只不过是以开关的形式表现，如图 2-14 所示。

图 2-14

● 　滑块控件：能够让用户从一个允许的范围内滑动选择一个特定的值。推荐滑块用于选择一个估计值，而不是一个需要精确的数值，如图 2-15 所示。

图 2-15

● 　分段控件：是只有 2 个或更多段构成的组，它相当于独立的按钮，可以用于筛选内容或为整理的分类内容创建标签，如图 2-16 所示。

图 2-16

● 　工具栏：工具栏中包含一些管理、控制当期视图内容的动作。在 iPhone 中，通常情况下是放置在屏幕的下方；而在 iPad 中，可以在屏幕顶部出现。和导航栏一样，其背景填充也可以进行自定义，默认的是半透明效果以及模糊处理遮住的内容。工具栏的内容不可以放置多个按钮和控件，如图 2-17 所示。

图 2-17

● 　Web View：该控件可帮助用户构建 Web 的 iPhone 应用程序，很多网站都是由

iPhone 和 iPad 客户端程序使用 Web View 开发的，但需要注意的是 Web View 能够支持 HTML 5，不支持 Flash 等。

2.1.3 iOS 的开发工具和资源

使用各种平面设计软件能够轻松地将 iOS 界面临摹出来，但要真正开发一套完整并且可用的 APP 界面，却是一件不容易的事，需要使用通用的基础性开发工具和资源有效地帮助程序员完成 iOS 的开发和搭建。下面是一些必备的 iOS 开发工具与资源。

1. Omnigraffle + Ultimate iPhone Stencil

Omnigraffle 是一款很强大的苹果 UI 设计软件，只能运行于 Mac OS X 和 iPad 平台上。该软件曾获得 2002 年的苹果设计奖。用户可以先下载 Ultimate iPhone Stencil，然后使用 Omnigraffle 来快速制作 APP 的演示界面，如图 2-18 所示。

图 2-18

2. teehan + lax iOS 9 GUI PSD(iPhone 6)

teehan+lax 是一个加拿大多伦多的代理商，他们经常发布一些自己内部用的资源，iOS 9 GUI PSD(iPhone 6) 就是其中的一个，如图 2-19 所示。这个 PSD 资源文件包括 iPhone 6 UI 界面的视图控制和一些常见的组件，用户可以免费下载这些源文件。

图 2-19

3. Stanford University iPhone Development Lectures

这是斯坦福大学的 iPhone 开发教程，如图 2-20 所示。这可谓 iOS 开发的顶级教程，用户可以从 iTunes U 下载并学习。在国内的大型门户网站（例如网易公开课）可以找到这些教程的中文字幕版本。

4. Stack Overflow

Stack Overflow 是个类似于百度知道的网站，对于 iOS 开发程序员来说，这里绝对是最佳的解决问题的地方。就算不问，随便上去翻一翻，也能找到一大堆已经有人提问并得到解决的问题。通过问题来加深认识，是进阶的必经之路。与一些比较基础的国内技术问题相比较，Stack Overflow 毫无疑问更专业，如图 2-21 所示。

图 2-20

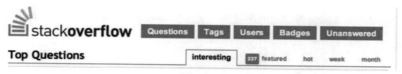

图 2-21

5. Apple Documentation

Apple Documentation 是苹果的官方文档，其中包含各种示例代码、视频以及各种类的参考文档，是开发 iOS APP 的必备法宝，如图 2-22 所示。

图 2-22

6. Xcode

Xcode 是苹果公司的开发工具套件，主要用于开发 iOS 应用，需要在 Mac OS X 平台上运行。这个套件的核心是 Xcode 应用本身，它提供了基本的源代码开发环境，支持项目管理、编辑代码、构建可执行程序、代码级调试、代码的版本管理和性能调优等功能。如图 2-23 所示为 Xcode 的操作界面。

图 2-23

7. Interface Builder

Interface Builder 是一款 iOS 界面"组装"软件，用户可以将软件提供的各种组件直接拖曳到程序窗口中进行"组装"，以快速制作出完整的页面。组件中包含大量的标准 iOS 控件，例如各类开关、按钮、文本框和拾取器等，如图 2-24 所示。

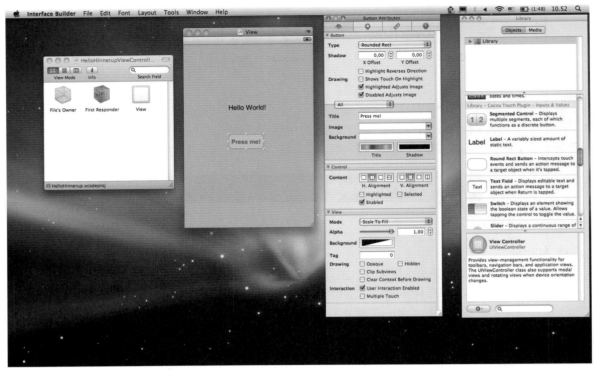

图 2-24

8. iOS 模拟器

iOS 模拟器提供了在苹果电脑上开发 iOS 产品时的虚拟设备，部分功能可以在模拟器上直接进行调试，但无法支持 GPS 定位、摄像头和指南针等与硬件设备有直接关系的功能，如图 2-25 所示为 iOS 模拟器的操作界面。

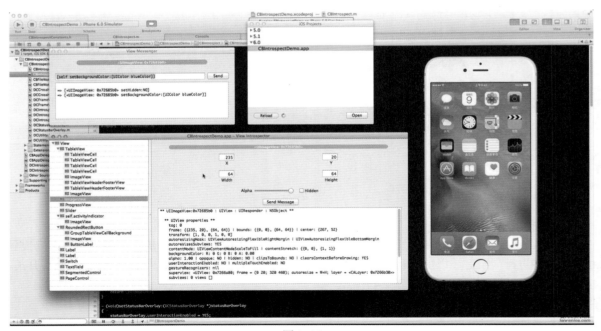

图 2-25

2.1.4 iOS 的设备

iOS 系统已经在每一台 iPhone、iPhone Touch 和 iPad 设备出厂时就安装了。不同设备的分辨率以及显示规格如图 2-26 所示。

设备	分辨率	PPI	状态栏高度	导航栏高度	标签栏高度
iPhone6 plus设计版	1242×2208 px	401PPI	60px	132px	146px
iPhone6 plus放大版	1125×2001 px	401PPI	54px	132px	146px
iPhone6 plus物理版	1080×1920 px	401PPI	54px	132px	146px
iPhone6	750×1334 px	326PPI	40px	88px	98px
iPhone5 - 5C - 5S	640×1136 px	326PPI	40px	88px	98px
iPhone4 - 4S	640×960 px	326PPI	40px	88px	98px
iPhone & iPod Touch第一代、第二代、第三代	320×480 px	163PPI	20px	44px	49px

图 2-26

2.1.5 iOS 8 与 iOS 9 的功能对比

2015 年 8 月 iOS 9 正式发布，相比 iOS 8 来说，iOS 9 只是在原有的功能上进行了更新和优化，下面就来详细对比 iOS 9 不同于 iOS 8 的一些功能。

1. Siri

iOS 9 的重大改进之一就是 Siri。现在该人工智能助手变得更加丰富多彩，而且能够在更多场景中大显身手。简单地说，新的 Siri 界面更像是在和人交流，而且可以查询到在 iOS 8 上无法问到的主题内容。例如包括"帮我找到我去年 10 月份去旅游的照片"，或者让其在 Apple Music 中"告诉我 1995 年的歌曲排行榜"，如图 2-27 所示。

总之，iOS 9 上的 Siri 更加聪明，如同个人的私人助理一般，它还具有帮用户查找某个照片或视频，或者提醒用户记得看完网上的某篇文章的功能。但在 iOS 8 上，Siri 基本上是一个无记忆的机器人，甚至不会记得用户前面几句说过的话。

除此之外，iOS 9 上的 Siri 还具有预测功能，它能够根据用户所在的时间、地点、打开的 APP 和连接的设备等，来预测用户的下一步行动。例如，当 iPhone 连接至自己的耳机或汽车上时，它将向用户建议听最近播放过的某个播放列表中的音乐；当早上拿起 iPhone 的时候，它会根据用户的日常习惯向用户建议要打开的 APP；当在日历 APP 的某个事件中添加了地址时，iPhone 会提醒用户该出发的时间，甚至是将实时路况都会考虑在内。

图 2-27

2. Spotlight 搜索

iOS 9 的 Spotlight 成为更智能的搜索引擎，只要通过键盘输入文字搜索，就能够将相关的信息呈现出来，如图 2-28 所示。

图 2-28

与 iOS 8 不同的地方在于，iOS 9 的 Spotlight 整个界面也进行了改进，时刻都在向用户推荐最近通话过的联系人和使用过的应用程序，以及用户感兴趣的去处。另外，它还支持直接搜索比分、赛事日程、电影、单位转换和应用内信息等，这些在 iOS 8 的系统上是完全做不到的。

3. Apple Pay

苹果在 iOS 9 中还是对 Apple Pay 服务进行了一定的改进。与 iOS 8 的相同之处在于，该服务仍然只支持 iPhone 6 和 iPhone 6 Plus，还有 Apple Watch，如图 2-29 所示。

 Apple Pay 是苹果公司在 2014 年苹果秋季新品发布会上发布的一种基于 NFC 的手机支付功能。

图 2-29

其实在 iOS 9 上就是 Apple Watch 整个服务的提升，例如在美国越来越多的知名品牌都已支持使用 Apple Pay 来付款，几乎所有信用机构都将接受使用 Apple Pay。对比 iOS 8，iOS 9 上支持接受使用 Apple Pay 的商户超过 100 万。

还有一点区别就是，iOS 9 上的 Passbook 应用程序更名为 Wallet(钱包)，用于存放信用卡、借记卡、积分卡、登机牌和票券等。

4. 地图

在苹果发布 iOS 8 时，地图应用程序并没有任何重大升级，只是小幅调整，而且还存在将用户导航到沟里去的错误。而 iOS 9 中情况大为改善，增加了最新的公共交通路线导航服务 Transit，如图 2-30 所示。

图 2-30

公共交通路线导航服务 Transit 是 iOS 9 中一个显著的提升，例如随时获取公交、火车、地铁、轮渡等公共交通工具的线路导航和实时位置等，还有利用 Transit 快速找到出站口和进站口，指导用户快速进出车站。这些功能在 iOS 8 上并不支持，而且在中国 Transit 方式适用于超过 300 个城市。

5. 备忘录

在 iOS 8 上，备忘录应用程序基本上只有文本编辑功能，十分单一。而在 iOS 9 上，新增了很多实用的功能，任何内容几乎都可以添加到备忘录中，例如支持启用相机来添加照片，可添加购物清单，还可以直接手动画图并添加在内，Safari、地图及其他应用程序中的内容都可以直接添加至备忘录中，如图 2-31 所示。

图 2-31

6. iPad 专属升级

苹果在 iOS 9 中加入了几个特别针对 iPad 的布局和新功能。

首先是 iOS 8 完全不具备的 QuickType 的改进，对于手持大屏幕 iPhone 6 Plus 和 iPad 的用户，在横屏模式下都将受益于这个新功能，如图 2-32 所示。

当用户用两根手指触摸这一键盘时，键盘将变为触摸板，从而便于鼠标操作。QuickType 键盘增加了一个让输入和编辑都更方便的全新 Shortcut Bar 快捷工具栏，写东西的时候复制、剪切和粘贴更有效率，也更加得心应手。与此同时，还能利用相机快速插入拍摄的图片，或者插入附件，更改文字格式。

更重要的是，在 iPad Air 2 上，iOS 9 新增加了 Picture in Picture、Slide Over 和 Split View 单屏多任务功能。

熟悉三星高端设备的人应该都清楚，Picture in Picture（画中画）是一个让视频独立悬浮播放的功能；Slide Over 是快速打开第二个 APP 的快捷栏；Split View 则是单屏双任务视图，如图 2-33 所示。

图 2-32

图 2-33

7. 电池续航

在 iOS 8 上，苹果没有设计任何省电模式，所以作为用户需要自己手动执行一些省电操作，例如关闭数据流量、关闭 Wifi 和蓝牙、清理多任务等，以尽量节省电量。

在全新的 iOS 9 中，苹果引入了一个名为"低功耗模式 (Low Power Mode)"的功能。在该模式下 iOS 9 可让设备延长 3 小时的续航时间。

"低功耗模式"无须手动开启，它会在低电量时自动启用。同时，在正常情况下运行 iOS 9 的 iPhone 6 能多 1 小时的续航时间。相比 iOS 8 而言，iOS 9 大幅改善了电池的续航时间。

默认情况下，iOS 的电量指示是没有百分数的，但是当我们将 iOS 9 中的低电量模式打开的时候，除了电量指示器变为黄色之外，还自动开始显示电量剩余百分比。每当用户开启低电量模式时，自动开启的剩余电量百分比无疑是在最恰当的时候给用户显示最有用的信息，如图 2-34 所示。

8. 根据地理信息自动估算行程时间

在 iOS 8 的日历中，当我们需要确定事件的行程时间时，总需要通过已有经验甚至是其他地图类辅助软件来对其进行估算。而在 iOS 9 中，得益于增强的原生系统地图，用户只需填写好出发的位置，系统便会自动计算出行程所需的时间。如果当前所在地即为出发点，用户甚至无须输入，GPS 所采集的当前位置信息将会自动填入，如图 2-35 所示。

图 2-34

9. 链接的分享选项

当用户单击 Safari 中的地址栏，并选择 URL，就会看到 iOS 9 的分享按钮中增添了替换选项，如图 2-36 所示。

图 2-35　　　　　　　　　　　　　　　　　图 2-36

10. 快速切换图片及视频

在 iOS 9 的照片应用中新加入了快速滚动切换内容的控件，这样便能在不返回缩略图列表的情况下快速对图片进行预览切换，如图 2-37 所示。

图 2-37

11. 快速返回

快速返回是指在一个程序中有消息弹出，单击查看后，再次单击左上角的返回按钮，能够快速返回到之前应用的程序当中，如图 2-38 所示。

图 2-38

2.2　Android 系统

Android 是一种以 Linux 为基础的开放源码操作系统，主要应用于移动设备。Android 公司于 2003 年在美国加州成立，2005 年被 Google 公司收购注资。2010 年末的数据显示，仅正式推出两年的 Android 操作系统已经超越了塞班系统，一跃成为全球最受欢迎的智能手机操作系统。如今，Android 系统不但应用于智能手机，也在平板电脑市场迅速发展。

2.2.1　Android 的发展过程

2007 年 11 月 5 日，名为 Android 的操作系统由谷歌公司正式向外界展示，并且创建了由 34 家手机制造商、软件开发商、电信运营商以及芯片制造商共同组成的全球性的联盟组织，来共同研究和改良 Android 系统。

Android 系统用甜点为系统进行命名，从 Android 1.5 发布开始，作为每个版本代表的甜点尺寸越变越大，并按照 26 个字母进行排序，分别是纸杯蛋糕（Android 1.5）、甜甜圈（Android 1.6）、松饼（Android 2.0/2.1）、冻酸奶（Android 2.2）、姜饼（Android 2.3）、蜂巢（Android 3.0）、冰激凌三明治（Android 4.0）和果冻豆（Jelly Bean，Android4.1 和 Android 4.2）。

1. Android 1.0

Android 1.0 发布于 2008 年 9 月，主要功能如下。

- 内建 Google 移动服务（GMS）。
- 支持完整的 HTML、XHTML 网页浏览，支持浏览器多页面浏览。
- 内置 Android Market 软件市场，支持 APP 下载和升级。
- 支持多任务处理、Wifi、蓝牙、即时通讯。

2. Android 1.5 Cupcake（纸杯蛋糕）

Android 1.5 发布于 2009 年 4 月，标志如图 2-39 所示。主要的改进如下。

- 支持立体声蓝牙耳机。
- 摄像头开启和拍照速度更快。
- GPS 定位速度大幅提升。
- 支持触屏虚拟键盘输入。
- 可以直接上传视频和图像到网站。

图 2-39

3. Android 1.6　Donut（甜甜圈）

Android 1.6 发布于 2009 年 9 月，标志如图 2-40 所示。主要的改进如下。

- 支持快速搜索和语音搜索。
- 增加了程序耗电指示。
- 在照相机、摄像机、相册、视频界面下各功能可以快速切换进入。
- 支持 CDMA 网络。
- 支持多种语言。

图 2-40

4. Android 2.0/2.1　Eclair（松饼）

Android 2.0 发布于 2009 年 10 月，标志如图 2-41 所示。主要的改进如下。

- 支持添加多个邮箱账号，支持多账号联系人同步。
- 支持微软 Exchange 邮箱账号。
- 支持蓝牙 2.1 标准。
- 浏览器采用新的 UI 设计，支持 HTML 5 标准。
- 更多的桌面小部件。

图 2-41

5. Android 2.2　Froyo（冻酸奶）

Android 2.2 发布于 2010 年 5 月，标志如图 2-42 所示。主要的改进如下。

- 新增帮助提示功能的桌面插件。
- Exchange 账号支持得到提升。
- 增加热点分享功能。
- 键盘语言更加丰富。
- 支持 Adobe Flash 10.1。

图 2-42

6. Android 2.3　Gingerbread（姜饼）

Android 2.3 发布于 2010 年 12 月，标志如图 2-43 所示。主要的改进如下。

- 用户界面优化，运行效果更加流畅。
- 新的虚拟键盘设计，文本输入效率提升。
- 文本选择、复制粘贴操作得到简化。
- 支持 NFC 近场通信功能。
- 支持网络电话。

7. Android 3.0　Honeycomb（蜂巢）

Android 3.0 发布于 2011 年 2 月，标志如图 2-44 所示。主要的改进如下。

- 多任务处理功能。
- 使用桌面工具同时设置多种应用软件。
- 拥有新的通知系统。
- 硬件加速和 3D 功能和视频通话。

图 2-43

8. Android 4.0　iceCream Sandwich（冰激凌三明治）

Android 4.0 发布于 2011 年 9 月，标志如图 2-45 所示。主要的改进如下。

- Android 4.0 只提供一个版本，同时支持智能手机、平板电脑、电视等设备。
- 拥有一流的新 UI 。
- 基于 Linux 内核 3.0 设计。
- 用户可以通过 Android Market 购买音乐。

图 2-44

- 运行速度比 3.1 提升达 1.8 倍。
- 支持现有的智能手机。

9. Android 5.0 Lollipop（棒棒糖）

Android 5.0 发布于 2014 年 10 月 15 日，标志如图 2-46 所示。主要的改进如下。

- 增强了语音服务功能。
- 整合碎片化。
- 支持 64 位处理器。
- 使用 ART 虚拟机。

图 2-45

10. Android 6.0 Marshmallow（棉花糖）

Android 6.0 发布于 2015 年 9 月 30 日，标志如图 2-47 所示。其主要增加的新功能如下。

- 锁屏下语音搜索功能。
- 指纹识别。
- 更完整的应用权限管理。
- 增强 Doze 电量管理功能，提高书籍续航时间。
- 增强了 Now on Tap 功能，结合 Google 搜索紧密结合的功能。
- 通过 APP Links 功能，完善自主识别内容。

图 2-46

2.2.2　Android 的基础 UI 组件

　　和 iOS 系统一样，Android 系统也有一套完整的 UI 界面基本组件。在创建自己的 APP，或者将应用于其他平台的 APP 移植到 Android 平台时，应该记得将 Android 系统风格的按钮或图标换上，以创建协调统一的用户体验，如图 2-48 所示为 Android 系统的部分组件效果。

图 2-47

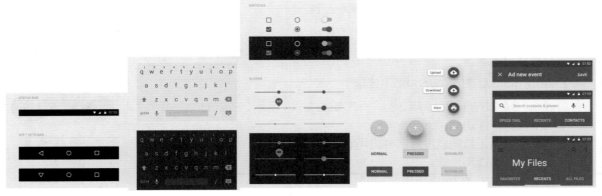

图 2-48

 提示　Android 6.0 界面分为白色和黑色两种，以满足用户对于界面的要求。

2.2.3　关于深度定制的系统

深度定制的安卓系统是指以 Android 源码为基础，以产品特性为目的而进行深度改造的系统。如今越来越多的厂商加入了 Android 的阵营，让更多的人体验到了智能手机的魅力。但正因为如此，手机系统同质化现象非常严重，导致手机界面缺乏个性特点以及产生审美疲劳等缺点。

Android 是一个开源的系统，在一定的基础上可以对原系统进行修改，这样既保留了系统原有的特性，又添加了一些新的功能和特点。例如一些厂商为了给用户打造不一样的 Android 体验，在不影响 Android 系统原有特色和优势的前提下，开发出更有新意和特点的系统界面，下面就简单介绍一下市场上比较成功的手机品牌界面。

1. 三星深度定制系统

三星于 2015 年推出了一款手机——Galaxy S6，该手机系统将不用的应用和插件清除，以达到接近 Nexus 原生系统那样简洁的程度，如图 2-49 所示。

图 2-49

2. 小米 MIUI（米柚）

自从 2010 年 8 月首个内测版发布至今，MIUI 已经拥有超过 600 万的用户。在 2012 年 8 月的小米新品发布会上，雷军宣布正式将小米手机的操作系统命名为"米柚"，如图 2-50 所示。

图 2-50

提示　MIUI（米柚）是小米科技旗下在 Android 操作系统的基础上深度定制的系统，MIUI 拥有上千款个性主题，上万种个性搭配，可根据用户的喜好下载使用。

3. OPPO 深度定制系统

OPPO 于 2015 年推出了一款超薄手机——OPPO R7 Plus，该手机采用 Color OS 2.1 系统，并对操作系统进行了深度美化。OPPO 定制系统的界面简洁美观，与其手机的时尚风格十分搭配。新版本的产品特色主要集中在"拍照"及"闪充"上，如图 2-51 所示。

图 2-51

2.3 Windows Phone 系统

Windows Phone 具有桌面定制、图标拖曳和滑动控制等一系列流畅的操作体验，主屏幕采用了类似于仪表盘的布局方式，来显示新邮件、短信和未接来电等提示信息。此外还包括一个增强的触摸屏界面，使操作更加便利，与 Windows Phone 系统的合作伙伴主要有诺基亚、宏达电子和华为等。

2.3.1 Windows Phone 的发展历程

Windows Phone 是微软公司发布的一款手机操作系统，全新的 Windows 手机将网络、个人电脑和手机的优势集于一身，打破人们信息和应用之间的隔阂，适用于人们工作、娱乐以及生活中的方方面面，以下是 Windows Phone 的发展简史。

2010 年 10 月 11 日，微软公司正式发布了智能手机操作系统 Windows Phone 7，简称 WP 7，Windows Phone 7 完全放弃了 Windows Mobile 的操作界面，而且程序互不兼容，并且微软完全重塑了整套系统的代码和视觉。

2011 年 2 月，诺基亚与微软达成全球战略同盟，并深度合作共同研发。

2011 年 9 月 27 日，微软首度发布了支持简体中文与繁体中文的重大更新版本 Windows Phone 7.5。诺基亚也开始生产 Windows Phone 7.5 系统的智能手机，早期发布的智能手机是 Nokia Lumia 800 及 Nokia Lumia 710。

2012 年 3 月 21 日，Windows Phone 7.5 登陆中国。

2013 年 6 月 21 日，微软正式发布了最新版本 Windows Phone 8。Windows Phone 8 界面如图 2-52 所示。新版的 Windows Phone 8 拥有的主要功能如下。

- 与 Windows 8 共享内核。
- 内置 IE10 移动浏览器。
- 内置诺基亚地图 + 新增 NFC 功能。
- 支持多核处理器 / 高分辨率屏幕。

- 拥有大、中和小 3 种瓷片尺寸。
- 游戏移植更方便。
- 商务与企业功能。
- 所有 Windows Phone 7.5 的应用将全部能在 Windows Phone 8 中运行。
- 流量管理功能。

继 Windows Phone 8 发布后，又对其进行更新，界面如图 2-53 所示。更新后的 Windows Phone 8.1 新增的主要功能如下。

- 信息通知中心具有推送信息、飞行模式、蓝牙、Wifi 等快速设置功能。
- 磁贴更换任意壁纸。
- 强大的语音系统 Cortana，能够快速进行搜索。
- 支持企业级别的 VPN 虚拟专用网络。
- 日历新增了周视图，添加了天气显示。
- Wifi Sense 功能可以自动侦测信号更好的 Wifi，或是自动找到免费的 Wifi。
- 新的拨号界面可以直接启动 Skype 视频通话。
- 在现有功能的基础上增加了滑动输入，并且识别速度和正确率得到进一步的提高。

图 2-52　　　　　　　　　　　　图 2-53

2015 年 1 月 22 日，正式提出 Windows 10 系统，它将是一个跨平台的系统，此后 Windows Phone 品牌正式终结，被统一命名的 Windows 10 所取代，无论手机、平板电脑、笔记本、二合一设备、PC，Windows 10 将全部适用，如图 2-54 所示。

图 2-54

2.3.2　了解 Windows 10

Windows 10 是美国微软公司所研发的新一代跨平台及设备应用的操作系统。2015 年 5 月 14 日，微软正式宣布以 Windows 10 Mobile 作为下一代 Windows 10 手机版的正式名称。

Windows 10 将以全新的系统呈现出来，其主要特色如下。

全新的开始屏幕：手机系统采取整张背景图片设计，在色彩上更加鲜艳。

全新应用列表：在左滑开始屏幕时，不但会出现应用列表新增排序功能，而且会加入 Windows Phone 8 最近使用或者按时间排序等功能。但此页面还不可以用自定义背景图片。

增强型的操作中心＋快速操作：Windows 10 手机系统的通知中心与 Windows 10 电脑版实现了无缝链接功能，并且快速操作也可以折叠或者加入更多选项。

全新的系统设置：手机系统的设置分类能够进行折叠和分组管理，使得分类更加简洁和明了。

可交互通知操作：当手机收到短信时，可以直接在状态栏接通或者回复，快速便捷，微软在这一点已与 Android 和 iOS 不相上下。

可缩放的移动键盘和语音输入法：手机系统对输入法进行了进一步的更新，使用可缩放键盘解决单手输入问题，并且语音也可以快速补全要说的话。

短信集成 Skype 等通讯应用：在早期的 Windows Phone 7 时代，短信和 MSN 是融合在一起的，但 Windows Phone 8 之后微软已经将此功能取消，而如今全新的 Windows 10 补全了这些功能，用户可以自由选择。

手机端全新的 Office 发布：全新的 Windows 10 手机版 Office 可以与 Windows 10 电脑版 Office 进行无缝链接，从此通用应用上也带来史上最强大的 Office 移动版。

全新的 Outlook 邮箱应用：新的手机版 Outlook 设计更加美观，处理邮件效率更加快捷。

全新的手机相册：全新的相册不但能够实现自动分类、收藏和无缝同步，而且还能够自动美化照片。

全新的人脉：人脉界面更加清晰明了，整洁干净，寻找好友更加便捷。

全新的 Xbox Music：最新的 Xbox Music 界面统一，外表更加美观，并且全新的地图与手机界面统一、实现同步收藏、互相联动等功能。

全新的 Microsoft Edge 浏览器：全新的斯巴达浏览器包含书签、手势操作、集成 Cortana、信息一键搜索等功能。

可移植 iOS 和 Android 平台的 APP：通过通用应用平台（UWP，Universal Windows Plat-form）的方式使得 Windows 10 可以运行移植于 iOS 和 Android 平台的 APP。

2.3.3 Windows Phone 系统的特色

Windows Phone 引入了一种新的界面设计语言——Metro（美俏），它源于包豪斯风格所倡导的"化繁为简"，其主要目的在于用最简单而直接的方式向用户呈现信息。这同时也是 Windows 8.1 操作系统的显示风格。Metro 界面强调使用简洁的图形、配色和文字描述功能，使用极具动态性的动画增强用户体验。以下是 Windows Phone 的特色。

1. 动态磁贴

动态磁贴（Live Tile）是微软的 Modern 概念，是出现在 Windows Phone 中的一个新概念，Metro 是长方形的功能界面组合方块，用户可以轻轻滑动这些方块不断向下查看不同的功能，这是 Windows Phone 的招牌设计。

作为 Metro 用户界面的精髓，开始界面上的动态磁贴（Live Tile），介于传统智能手机的图标（Icon，以 iOS 为代表）和桌面小工具（Widget，以 Android 为代表）之间，每一个动态磁贴都能以图标变化或翻转的形式动态显示相关重要信息。相比单纯的桌面图标所提供的应用程序快捷方式功能，动态磁贴还为用户展示了与应用程序相关的重要信息，同时又比 Widget 大大节约了系统资源，达到信息传递和流畅体验的平衡，如图 2-55 所示。

2. 中文输入法

Windows Phone 的中文输入法的键盘继承了英文版软键盘的自适应能力，根据用户输入习惯自动调整触摸识别位置。

自带词库的丰富性在手机输入法中也是难得一见的。其中网络流行词一应俱全，甚至比较方言化的内容也出现在系统自带的中文输入法中，而且用户不需要输入任何东西就可以选择"好"、"嗯"、"你"、"我"和"在"等几个最常用的简短回复，可以说是在每一个细节上提高用户的打字效率。

最后，输入法还有全键盘、九宫格和手写 3 种模式可供选择，并支持笔画及繁体中文。

图 2-55

3. 人脉

Windows Phone 的通讯录叫作"人脉"，功能也比其他的通讯录更加强大，不仅自带各种社交更新，还能实现云端同步。此外，该功能在人性化方面也值得一提。例如自带的 Family（家人）分组，默认是空白的，系统会自动选择联系人中与用户同姓的，建议添加到该组。

4. 同步管理

Windows Phone 的文件管理方式类似于 iOS，通过一款名为 Zune 的软件进行同步管理。用户可以通过 Zune 为手机安装最新的更新，下载应用和游戏，或者在计算机和手机之间同步音乐、图片和视频等数据。如图 2-56 所示为 Zune 的界面。

5. 语言支持

2010 年 2 月发布时，Windows Phone 只支持 5 种语言：英语、法语、意大利语、德语和西班牙语，现在已经支持 125 种语言的更新。此外，Windows Phone 的应用商店在 200 个国家及地区允许购买和销售 APP。

图 2-56

2.4 各种手机系统介绍

手机已经不仅仅是一个通信设备，在智能系统的潮流下，手机已经成了一个多媒体的智能移动终端，通过对 iOS、Android 和 Windows Phone 系统的对比显示，这三大系统各有自己的特色与卖点，例如 Android 的自由度高、选择性多；iOS 操作体验一流、系统稳定；Windows Phone 系统个性十足、发展前景好。下面就详细介绍各个系统的优缺点有哪些。

2.4.1 iOS 的优缺点

目前 iOS 系统已经逐渐成为一个十分优秀且成熟的移动手机操作系统，如图 2-57 所示。下面对 iOS 系统进行优缺点的分析。

1. iOS 系统的优点

外观设计精美：苹果在 iPhone 上的工业设计精妙绝伦，按乔布斯的说法是"它就像一款老莱卡相机一样美丽"。但它不仅仅于此，它环绕机身的不锈钢圈，不仅是天线，也是固定机身的梁，同时也减少了内部占用空间，并且其屏幕显示提供了更精准的颜色以及更大的可视角度。

操作系统：iOS 是一个传统技术的操作系统。由于 iOS 可以手动管理内存，可以在用户操作的间歇由程序员进行回收，所以用户不会在频繁使用的过程中感受到停顿。

图 2-57

硬件配置：苹果是唯一一个既做硬件又做软件的手持设备公司，只有苹果可以在硬件中插入对软件的优化，又可以在软件中用上特制的模块。

2. iOS 系统的缺点

审美疲劳：虽然 iOS 系统经过不断升级和改进，但是从界面来看给人的感觉变化不是很大。虽然界面的确是简单精美，但是再精致的界面看久了肯定会有审美疲劳。

封闭性带来的问题：由于 iOS 系统的封闭性，所以无法像 Android 这样的开源系统一样任由用户更改系统的设置。

过度依赖 iTunes：苹果的大部分数据导入导出，例如歌曲以及电影的下载等都需要通过电脑来配合操作才能完成，可以说离不开电脑和 iTunes 软件的帮助，所以会让很多用户觉得操作起来相对烦琐。

2.4.2 Android 的优缺点

如今 Android 已经成为市面上主流的智能手机操作系统，随处都可以见到这个绿色机器人的身影，如图 2-58 所示。那么是什么原因促进了安卓系统的快速发展，下面就详细介绍 Android 系统的优缺点。

1. Android 系统的优点

开源：相比 iOS 系统来说，Android 是开放式的系统，这是 Android 能够快速成长的最关键因素，Android 的开源打破了以往操作系统平台的授权模式，不但降低了厂商的成本，也赋予了他们更多自由发挥的空间，更提升了厂商支持 Android 的热情。

联盟：联盟战略是 Android 能快速成长的另一大法宝。谷歌为 Android 成立的开放手机联盟(OHA)，不但有摩托罗拉、三星、HTC、索尼爱立信等众多大牌手机厂商拥护，还受到了手机芯片厂商和移动运营商的支持，仅创始成员就达到 34 家。

图 2-58

技术：Android 系统的底层操作系统是 Linux，Linux 作为一款免费、易得、可以任意修改源代码的操作系统，吸收了全球无数程序员的设计精华。

应用：Android 平台在应用的数量上十分丰富，据统计其应用已经几乎达到了 80 万种左右。这个庞大的数字为 Android 平台提供了巨大的优势。

2. Android 系统的缺点

应用的质量不高：Android 的应用目前虽然数量非常多，但是质量并不是很高，特别是对平板而言，更是如此。很多版本的应用软件，都只是针对手机平台而开发，虽然在平板电脑上可以运行，但是体验就下降了很多。

开源导致产品体验差异很大：由于开发门槛低，导致应用数量虽然很多，但是应用质量参差不齐，甚至出现不少恶意软件，导致一些用户受到损失。

运行效能不高：由于 Android 没有对各厂商在硬件上进行限制，导致一些用户在低端机型上体验不佳；另一方面，由于 Android 的应用主要使用 Java 语言开发，所以导致其运行效率较低和硬件消耗较为严重的现象。

2.4.3　Windows Phone 的优缺点

在 iOS 和 Android 的冲击之下，Windows Phone 系统的研发受到影响。由于许多方面的延迟，直到 2010 年才正式发布了 Windows Phone 系统，如图 2-59 所示。下面就对 Windows Phone 系统的优缺点进行详细介绍。

1. Windows Phone 系统的优点

将网络、个人电脑和手机的优势集于一身，让人们可以随时随地享受到想要的体验。内置的 Office 办公套件和 Outlook 使得办公更加有效和方便。

图 2-59

Windows Phone 系统对硬件要求比较低，不像 Android 那样需要靠高配置来保证流畅性。Windows Phone 8 的系统应用的优先度最高，占用极少的硬件资源即可获得顺滑的操作，同时较低的硬件规格也消耗相对较少的电量，避免无电情况的发生。

2. Windows Phone 系统的缺点

功能不完善：消息推送的实时性较差，Windows Phone 8 系统里面没有关闭重力感应的选项，微软不允许开发者调用 API 来实现重力开关，只能靠应用自身的功能固定屏幕，使用起来不是很方便。

应用是硬伤：Windows Phone 比 iOS 和 Android 起步较晚，加之受到后两者的强力阻击，发展速度和规模大大落后于 iOS 和 Android。应用数量尤其是精品应用远落后于其他，虽然基本应用都有，但是品质比较一般，用的时候可能要忍受各种功能残缺或者小 BUG。

2.4.4　手机系统的发展前景

面向智能终端的操作系统开发是移动互联网发展最为重要的一环。面对日益增长的移动互联网市场，iOS、Android、Windows Phone 这三大不同"出身"的系统厂商分别寻找和利用具有差异性的开发策略进行自身发展。

Android 刚出现时就像一棵枝叶繁茂的大树，它承载着多种多样的功能，但同时也很难去兼顾各种功能，由于每种功能刚开始并不是都很出色，造成它的枝叶看起来十分杂乱，往往给人混乱不堪的感觉，因此现在系统所进行的每一次更新都是为了修剪其杂乱的枝叶，保留其中最必要、最实用的，使其看起来不再杂乱不堪，而是简洁美观。iOS 与 Android 却完全相反，它刚出现时就像一根精美的树干，没有多余的杂枝，而之后的每一次系统更新都是在这根树干的最合适的部位插上最精美的枝干，从而使其成为最美丽的树。而 Windows Phone 由于较 iOS 和 Android 起步晚，更像是一颗树种，拥有纯洁的本质和无限的生长空间。

2.5　总结扩展

本章主要讲解了常见的 3 种手机系统的相关知识，分别了解 iOS、Android 和 Windows Phone 系统的发展历史、基本组件以及开发环境等，对手机系统有一个简单的了解和认识。

2.5.1 本章小结

无论是哪种系统，都需要使用手机 APP 的应用程序，它是移动手机的命脉。iOS、Android 和 Windows Phone 都有属于自己的应用商店，用户可以根据自己的需求和喜好选择不同类型的 APP 进行下载和安装，以体验更多的信息和内容。

2.5.2 课后练习——制作 iOS 9 健康图标

实战

制作 iOS 9 健康图标

教学视频：视频 \ 第 2 章 \2-5-2.mp4　　源文件：源文件 \ 第 2 章 \2-5-2.psd

案例分析：
本案例主要向用户介绍 iOS 9 的健康图标，制作过程中主要运用了"钢笔工具"，注意对形状图层样式的设置。

色彩分析：
由于本案例为健康图标，因此以干净大方为主，通过为形状添加粉红的渐变样式，更加形象地将该 APP 的作用表现出来。

01 ∨ 新建文档，使用相应工具绘制圆角矩形。

02 ∨ 使用钢笔工具绘制相应的形状。

03 ∨ 为图像设置相应的图层样式。

04 ∨ 完成图标的制作。

第3章　iOS 设计元素

在前面的章节中，主要向用户介绍了 iOS 系统的发展历程以及基础的 UI 组件，本章主要介绍 iOS 的界面设计规范以及界面元素的制作。

通过本章的学习，能够掌握 iOS 基本图形以及控件的绘制，只有对基本控件和图标的名称及作用有所了解，才能够在打造界面的过程中做出合理的设计决策。总而言之，希望通过本章的学习，用户能够设计出称心如意的 APP 界面。

本章知识点
- ✔ 了解 iOS 8 与 iOS 9 界面的不同之处
- ✔ 掌握 iOS 9 的界面设计原则及规范
- ✔ 了解 iOS 9 基本图形的绘制
- ✔ 掌握 iOS 9 控件的绘制方法及用途
- ✔ 了解 iOS 9 基本图标的分类及绘制方法

3.1　iOS 8 与 iOS 9 的界面对比

2015 年 8 月 iOS 9 正式发布，相比较 iOS 8 而言，iOS 9 只是在原有的功能上进行了更新和优化，在前面的章节中已经对 iOS 8 与 iOS 9 进行了功能对比，那么接下来就从界面风格上来看 iOS 8 和 iOS 9 都有哪些不同。

3.1.1　新字体

苹果为全平台设计了 San Francisco 字体，以提供一种优雅的、一致的排版方式和阅读体验。苹果在 iOS 9 中使用旧金山字体取代了之前的 Helvetica Nue 字体，并且在 iOS 中可以为用户提供以下字体功能，如图 3-1 所示。

(1) 一系列的字号大小，可供任何用户进行设置，在可访问性设置下，可获得优质的清晰度和极佳的阅读体验。

(2) 自动调整文字的粗细、字母间距以及行高的功能。

(3) 为语义上有区别的文本模块指定不同的文本样式，例如正文、脚注或者标题。

(4) 文本可以根据用户在字号设置和可访问性设置中指定字体大小的变化做出适当的响应能力。

图 3-1

> **提示** iOS 9 在国外市场使用的是 San Francisco 字体，中国市场使用的是苹方体。关于字体，在后面的章节有详细介绍。

3.1.2 应用切换

iOS 9 的应用切换采用了全新的卡片式翻页，将一个应用预览卡片堆砌在另一个卡片上，这样使卡片显得更大，与此同时推翻了 iOS 8 中最近联系人的设计，如图 3-2 所示。

图 3-2

案例 3　　制作应用程序切换界面
教学视频：视频 \ 第 3 章 \3-1-2.mp4　　源文件：源文件 \ 第 3 章 \3-1-2.psd

案例分析：

本案例主要向用户介绍 iOS 9 系统界面，制作应用程序的切换效果，制作过程中主要运用圆角矩形工具，注意调整图层的不透明度以及对图层样式的设置。

色彩分析：

由于本案例为系统界面，因此以简洁实用为基础，以白色为主色调，搭配以红色选中效果，使文字更加突出，增加文字的可辨识度。

RGB(255、255、255)　　RGB(255、45、85)

01 ▽　执行"文件 > 打开"命令，打开素材图像"素材 \ 第 3 章 \31201.jpg"，如图 3-3 所示。单击"图层"面板底部的"添加图层样式"按钮，在弹出的"图层样式"对话框中选择"颜色叠加"选项，设置如图 3-4 所示。

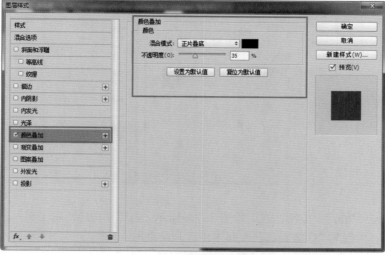

图 3-3　　　　　　　　　　　　　　图 3-4

02 　单击"确定"按钮，效果如图 3-5 所示。选择"圆角矩形工具"，设置"填充"为 RGB(250、250、250)、"描边"为无、半径为 10 像素。在画布中创建圆角矩形，如图 3-6 所示。

图 3-5　　　　　　　　　　　　图 3-6

03 　选中该图层，单击鼠标右键，在弹出的快捷菜单中选择"转换为智能对象"命令，再执行"滤镜 > 模糊 > 高斯模糊"命令，弹出"高斯模糊"对话框，设置如图 3-7 所示。单击"确定"按钮，效果如图 3-8 所示。

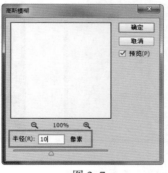

图 3-7　　　　　　　　　　　图 3-8

04 　单击"图层"面板底部的"添加图层样式"按钮，在弹出的"图层样式"对话框中选择"颜色叠加"选项，设置如图 3-9 所示。选择"外发光"选项，设置如图 3-10 所示。

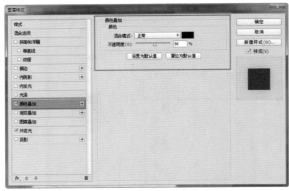
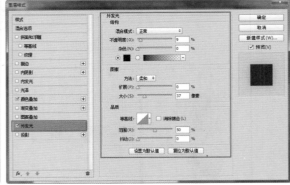

图 3-9　　　　　　　　　　　　　　　　图 3-10

05 单击"确定"按钮，效果如图 3-11 所示。选择"圆角矩形工具"，设置"填充"为白色、"描边"为无、半径为 10 像素。在画布中创建圆角矩形，如图 3-12 所示。

图 3-11　　　　　　　　图 3-12

06 单击"图层"面板底部的"添加图层样式"按钮，在弹出的"图层样式"对话框中选择"外发光"选项，设置如图 3-13 所示。打开素材图像"素材 \ 第 3 章 \31202.png"，将相应的图片拖入画布中，如图 3-14 所示。

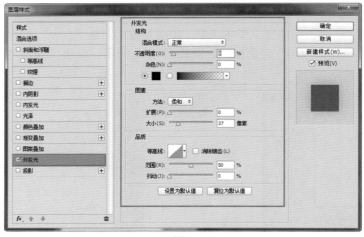

图 3-13　　　　　　　　　　　　　　　　图 3-14

07 选中该图层，单击鼠标右键，在弹出的快捷菜单中选择"创建剪贴蒙版"命令，使用快捷键 Ctrl+T 调整图形，如图 3-15 所示。打开素材图像"素材 \ 第 3 章 \31203.png"，将相应的图片拖入画布中，如图 3-16 所示。

| 图 3-15 | 图 3-16 |

08 打开"字符"面板，设置各项参数值，如图 3-17 所示。使用"横排文字工具"在画布中输入文字，在"图层"面板中设置图层类型为"线性减淡"，"填充"不透明度为 20%，效果如图 3-18 所示。

| 图 3-17 | 图 3-18 |

09 使用相同的方法完成相似图形的绘制，将相应图层进行编组，其面板如图 3-19 所示，效果如图 3-20 所示。

| 图 3-19 | 图 3-20 |

> **提示** 对图层进行编组，可以在选中所有图层后，按快捷键 Ctrl+G 或执行"图层 > 图层编组"命令，也可单击"图层"面板底部的"创建新组"按钮，然后选中所有要编为一组的图层，再将它们拖至组中。

3.1.3 Spotlight 搜索

当在主屏界面中下拉弹出 Spotlight 的时候，通过和 iOS 8 的搜索框比较，就会发现 iOS 9 的搜索框变成了圆角，并且还增加了语音听写的功能，

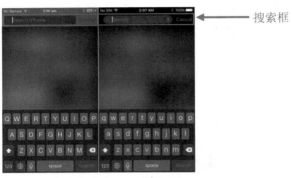

图 3-21

3.1.4 电池使用细节

iOS 9 中的电池信息细节查看被单独划分为过去 24 小时与过去 7 天，单击进入"设置"|"电池"即可看到，用户可仔细查看每个应用在前台或者后台运行的电量使用情况，如图 3-22 所示。

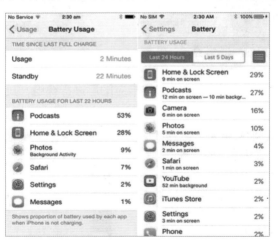

图 3-22

3.1.5 相机应用

苹果对相机应用的界面进行了微调，闪光灯不再显示是否打开/关闭状态，只显示图标。开启的时候会显示橙色闪电，关闭则在闪电的基础上多一个 X。HDR 也采取了类似的调整。另外，HDR 和倒计时拍照功能的图标位置也进行了微调，如图 3-23 所示。

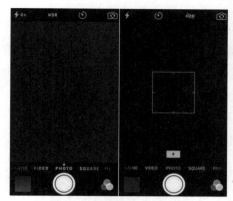

图 3-23

3.1.6　分享界面

iOS 9 的分享界面底部的操作按钮更大了，与此同时图标变得更亮，使得图标和背景更为融合，如图 3-24 所示。

图 3-24

3.1.7　Siri 新界面

Siri 界面迎来新的动画，底部的波动动画更明显，并且颜色更为靓丽，类似于 Apple Watch Siri 的风格，如图 3-25 所示。

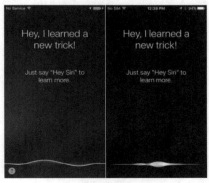

图 3-25

3.1.8 键盘大小写切换

在 iOS 9 中，当 Shift 键关闭，小写字符便会出现。当 Shift 键打开，大写字符便会出现。而在 iOS 9 之前，即使 Shift 键关闭，大写字符也会呈现在屏幕上，如图 3-26 所示。

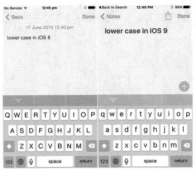

图 3-26

3.1.9 听写界面

iOS 9 的听写界面也有略微的调整，如图 3-27 所示。

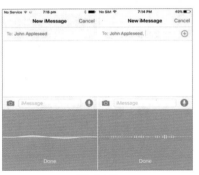

图 3-27

3.1.10 圆角

iOS 9 中一个值得注意的变化就是圆角的采用增多，包括通知和操作框等界面，如图 3-28 所示。

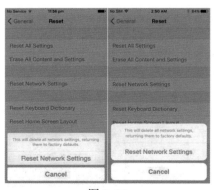

图 3-28

3.2　iOS 界面设计

设计一款成功的 iOS 应用，很大程度上依赖于其用户界面的好坏，那么在设计界面时要有一条指导性的原则就是站在用户角度考虑问题。一款优秀的 iOS 应用紧密贴合它所依赖的平台，并无缝整合设备和平台的特性，从而提供优秀的用户体验，如图 3-29 所示。

图 3-29

3.2.1　了解用户使用怎样的设备

在设计界面之前，首先要了解用户使用什么样的设备。要充分考虑在以下情况的设备和软件功能中都会怎样影响用户的体验。

例如 iPhone、iPad 和 iPod Touch 都是手持设备，人们可以在路上随时使用。所以用户会期待应用启动迅速、操作简洁，且能够适应多种环境。

在 iOS 设备中，显示屏的重要性最高，无论屏幕尺寸的大小，设备四周的边缘相对细小，用户专心操作应用时往往会忽略这些边框。

多点触摸界面让人们无须借助其他设备（如鼠标）就可以操作应用的内容。人们也就能更加感觉到自己掌控着应用的使用体验，因为他们只需操作屏幕上的元素就可以了。

前台一次只显示一个应用。用户可以通过多任务条轻松、快速地切换应用，不过这样产生的用户体验就和在电脑上不一样了，因为电脑上能够同时显示多个窗口。

总体而言，应用不会同时开启多个窗口。相反，用户需要在不同的屏幕内容之间过渡，而每个屏幕内容中可能包含多个视图。

内置的"设置"应用同时包含了设备选项和部分应用的用户选项。要切换到设置应用，用户必须离开当前正在使用的应用，所以这些用户选项应该是"一次设置、极少调整"的类型。多数应用会避免在"设置"应用中安排选项，并在自己的主界面上安排配置选项的位置。

3.2.2　iOS 界面设计的原则

一个外观优美、符合用户使用习惯并且能够与程序功能相辅相成的界面，能够吸引用户点击下载。而一个令人费解、逻辑混乱和没有吸引力的界面，会使程序变成一团糟，更不会吸引用户的眼球。那么在设计应用时要遵循以下原则。

遵从：UI 界面设计应该本着有助于用户更好地理解内容并与之交互的原则，并不会分散用户对内容本身的注意力。

清晰：界面中各种尺寸的文字应清晰易读，图标应更加精确醒目，去除多余的修饰，突出重点，以功能驱动设计。

深度：在设计界面时，视觉的层次感和生动的交互动画会赋予 UI 新的活力，有助于用户更好地理解并让用户在使用过程中感到愉悦，如图 3-30 所示。

无论是重新设计现有的应用，还是重新开发一个新应用，都可通过以下方向进行设计考虑。首先，去除掉 UI 元

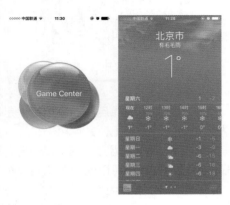

图 3-30

素，让应用的核心功能突显出来，并明确它们之间的相关性。其次，使用 iOS 的主题来定义 UI 并进行用户体验设计。完善细节设计，以及适当、合理地修饰。最后，保证你设计的 UI 可以适配各种设备和各种操作模式，使得用户在不同场景下都可以享受你的应用。

 在设计过程中，要时刻准备着推翻先例，质疑各种假设，并将内容和功能视为重点来驱动每个细节的设计。

1. 设置跟随内容

尽管清新、美观的 UI 和流畅的动态效果都是 iOS 体验的亮点，但内容始终是 iOS 的核心。通过以下几种方法能够使用户的设计既能够提升功能体验，又可以关注内容本身。

充分利用整个屏幕：例如系统的天气应用界面，用美观的全屏天气图片呈现现在的天气，直观地向用户传递了最重要的信息，同时也留出空间呈现了每个时段的天气数据，如图 3-31 所示。

重新考虑（尽量减少）拟物化设计的使用：遮罩、渐变和阴影效果会加重 UI 元素的显示效果，从而导致影响到对内容的关注。相反，应该以内容为核心，让用户界面成为内容的支撑，如图 3-32 所示。

用半透明 UI 元素样式来暗示背后的内容：半透明的控件元素（例如控制中心）可以提供上下文的使用场景，帮助用户看到更多可用的内容，并可以起到短暂的提示作用。在 iOS 中，半透明的控件元素只让它遮挡住的地方变得模糊，看上去像蒙着一层米纸，但它并没有遮挡屏幕剩余的部分，如图 3-33 所示。

图 3-31　　　　　　图 3-32　　　　　　图 3-33

2. 保证清晰

保证清晰度是确保用户的应用始终是以内容为核心的另一种方法。通过以下几种方法能够使重要的内容和功能清晰可见，并且易于交互。

使用大量留白：留白不仅可以使重要的内容和功能更加醒目、更易理解，还可以传达一种平静和安宁的心理感受，它可以使一个应用看起来更加聚焦和高效，如图 3-34 所示。

让颜色简化 UI：使用一个主题色，例如记事本中将 Back 使用黄色进行显示，不但高亮显示了重要区块的信息，而且巧妙地用样式暗示该按钮的可交互性。与此同时，也让应用有了一致的视觉主题。内置的应用使用了同系列的系统颜色，这样一来无论在深色还是浅色背景上，看起来都很干净和纯粹，如图 3-35 所示。

图 3-34

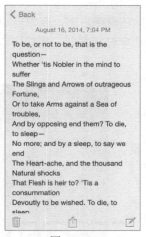
图 3-35

通过使用系统字体确保易读性：iOS 的系统字体 (San Francisco) 使用动态类型来自动调整字间距和行间距，使文本在任何尺寸都清晰易读。无论用户是使用系统字体还是自定义字体，一定要采用动态类型，这样一来当用户选择不同字体尺寸时，系统的应用才可以及时做出响应，如图 3-36 所示。

使用无边框的按钮：在默认情况下，所有的栏 (Bar) 上的按钮都是无边框的。在内容区域，通过文案、颜色以及操作指引标题来表明该无边框按钮的可交互性。当它被激活时，按钮可以显示较窄的边框或浅色背景作为操作响应，如图 3-37 所示。

图 3-36

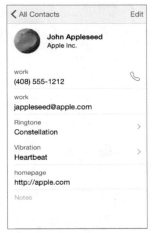
图 3-37

3. 深度层次

用深度层次来进行交流，iOS 经常在不同的视图层级上展现内容，用于表达层次结构和位置，这样可以帮助用户了解屏幕上对象之间的关系。

对于支持 3D 触控的设备，轻压、重压，以及快捷操作能让用户在不离开当前界面的情景下预览其他重要内容，如图 3-38 所示。

通过使用一个在主屏幕上方的半透明背景浮层，这样文件夹就能清楚地把内容和屏幕上的其他内容区分开来，如图 3-39 所示。

通过不同的层级来展示内容，例如用户在使用备忘录的某个条目时，那么其他的项就会被集中收起在屏幕的下方，如图 3-40 所示。

具有较深层次的应用还包括日历，例如当用户在翻阅年、月、日时，增强的转场动画效果给用户一种层级纵深感。在滚动年份视图时，用户可以即时看到今天的日期以及其他日历任务，如图 3-41 所示。

图 3-38

图 3-39

图 3-40

图 3-41

当用户选择了某个月份，年份视图会局部放大该月份，过渡到月份视图。今天的日期依然处于高亮状态，年份会显示在返回按钮处，这样用户可以清楚地知道它们在哪儿，它们从哪里进来以及如何返回。

类似的过渡动画也出现在用户选择某个日期时，月份视图从所选位置分开，将所在的周日期推向内容区顶端并显示以小时为单位的当天时间轴视图。这些交互动画增强了年、月和日之间的层级关系以及用户的感知，如图 3-42 所示。

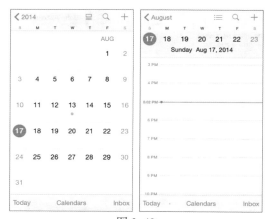
图 3-42

3.3　iOS 界面设计规范

iOS 用户已经对内置应用的外观和行为非常熟悉，那么了解 iOS 的界面设计规范，有助于进行标准的产品设计。下面就对 iOS 系统的界面尺寸、图标尺寸、字体、颜色值以及内部设计规则进行详细介绍。

界面设计规范如图 3-43 所示。

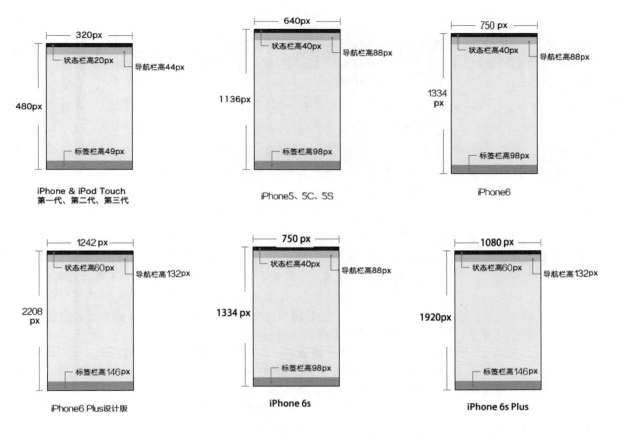

图 3-43

iOS 系统不同版本的界面尺寸如表 3-1 所示。

表 3-1　iOS 系统不同版本的界面尺寸

单位：像素

设备	分辨率	状态栏高度	导航栏高度	标签栏高度
iPhone 6s Plus	1920×1080	60	132	147
iPhone 6s	1334×750	40	88	98
iPhone 6 Plus	2208×1242	60	132	147
iPhone 6	1334×750	40	88	98
iPhone 5/5s/5c	1136×640	40	88	98

iOS 界面图标尺寸如表 3-2 所示。

表 3-2　iOS 界面图标尺寸

单位：像素

设备	APP Store	程序应用	主屏幕	spotlight 搜索	标签栏	工具栏和导航栏
iPhone 6s Plus	1024 × 1024	180 × 180	144 × 144	87 × 87	75 × 75	66 × 66
iPhone 6s	1024 × 1024	120 × 120	144 × 144	58 × 58	75 × 75	44 × 44
iPhone 6 Plus	1024 × 1024	180 × 180	144 × 144	87 × 87	75 × 75	66 × 66
iPhone 6	1024 × 1024	120 × 120	144 × 144	58 × 58	75 × 75	44 × 44
iPhone 5/5s/5c	1024 × 1024	120 × 120	144 × 144	58 × 58	75 × 75	44 × 44
iPad 3/4/Air/Air2/mini2	1024 × 1024	180 × 180	144 × 144	100 × 100	50 × 50	44 × 44

字体：iPhone 上的英文字体为 HelveticaNeue，至于中文，Mac 下用的是黑体 - 简，Windows 下则为华文黑体，所有字体要使用双数字号。到目前为止，iOS 9 已更改为 San Francisco 字体。

文字使用规则：一个视觉舒适的 APP 界面，字号大小对比要合适，并且各个不同界面大小对比要统一。

- 导航栏标题：34 ～ 42 像素，如今标题越来越小，一般 34 像素或 36 像素比较合适。
- 标签栏文字：20~24 像素。iOS 自带应用都是 20 像素。
- 正文：28~36 像素，正文样式在大字号下使用 34 像素字体大小，最小也不应小于 22 像素。
- 在一般情况下，每一档文字设置的字体大小和行间距的差异是 2 像素。一般为了区分标题和正文字体大小差异要至少为 4 像素。
- 标题和正文样式使用一样的字体大小，为了将其和正文样式区分，标题样式使用中等效果。

 提示　关于字号大小的使用规律，最好找比较好的应用截图，然后量出规律，直接套用即可。

颜色值：iOS 颜色值取 RGB 各颜色的值，例如某个色值，给予 iOS 开发的色值为 RGB(12、34、56)，那么其给出的值就是 12、34、56。

3.3.1　界面布局

界面布局也是界面设计中的重要因素。布局包含的不仅仅是一个应用屏幕上的 UI 元素外观，而且还应该让用户明白界面中的重点是什么，他们的选择是什么，以及事物是如何关联起来的。

强调重要内容或功能，让用户容易集中注意在主要任务上。例如在屏幕的上半部分放置较为重要的内容，遵循从左到右的习惯，如图 3-44 所示。

使用不同的视觉化重量和平衡来告诉用户当前屏显元素的主次关系。大型控件吸引眼球，比小的控件更容易在出现时被注意到，而且大型控件也更容易被用户点击，这让它们在应用中尤其有用。例如电话和时钟上面的按钮，能让用户经常在容易分心的环境下仍然保持正常使用，如图 3-45 所示。

使用对齐让阅读更舒缓，让分组和层次之间更有秩序。对齐让应用看起来整洁而有序，也让用户在滑动整屏内容时更容易定位和专注于重要信息，如图 3-46 所示。

确保用户在内容处于默认尺寸时便可清楚明白它的主要内容与含义。例如，用户应当无须水平滚动就能看到重要的文本，或不用放大就可以看到主体图像，如图 3-47 所示。

图 3-44　　　　　　　　图 3-45　　　　　　　　图 3-46　　　　　　　　图 3-47

准备好改变字体大小。用户期望大多数应用都可以响应他们在 iOS 的设置中设定的字体大小。为了适应一些文本大小的变化，也许需要重新调整布局。

尽量避免 UI 上不一致的表现。在通常情况下，有着相似功能的控件看起来也应该类似。

3.3.2　颜色与字体

在界面设计中，颜色与字体在界面设计中给人最直观的感受。因此颜色和字体的合理应用也是非常重要的。

1. 色彩有助于增进沟通

在 iOS 系统中，颜色有着表明交互、传递活性以及提供视觉连续性的作用，内置的应用程序一般使用那些看起来更具个性的、纯粹和干净的颜色来表示，如图 3-48 所示。或者辅以或亮或暗的背景进行组合，从而更加吸引用户的注意力，带来良好的视觉体验。

当要创建多样的自定义颜色时，要确保它们能够在和谐共存的前提下进行设计。例如，如果这个应用的基本风格是明暗的色调，就应该创建一个协调的明暗色调的色板用于整个应用，如图 3-49 所示。

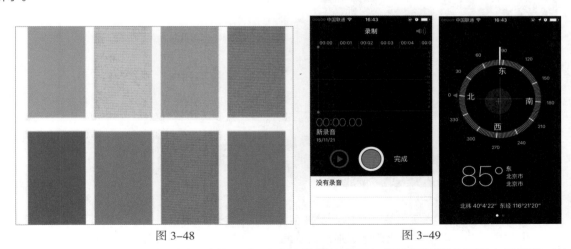

图 3-48　　　　　　　　　　　　　　　　图 3-49

注意在不同情境下的颜色对比。例如，如果在导航栏的背景与栏按钮标题之间没有足够的对比，按钮就很难被用户看到。一个快速但不严谨的方法是通过将设备置于不同的光照环境之中来测试设备上的颜色是否具有足够的对比度。

页面中使用到的有彩色最好不要超过 3 种。只要确定 1 个基本色、1 个辅助色和 1 个重点色就可以很轻松地区分各种功能和操作状态。其他部分可以使用黑、白、灰 3 种无彩色进行补充和调和。

提示 这里所说的 3 种有彩色是针对色相（红橙黄绿青蓝紫）而言的，类似于深棕色和略浅的棕色这类，在明度和纯度上小幅变化的颜色可以视作一种颜色。

当用户使用自定义的栏颜色时，着重考虑半透明的栏和应用内容。当你需要创建能匹配特别颜色的栏颜色时，可能在你获得想要的结果之前，需要用各种颜色进行试验。栏的显示将会同时受到 iOS 系统所提供的半透明栏与藏在栏后面的应用内容的呈现影响，如图 3-50 所示。

注意颜色的盲区。在使用颜色时要注意区分红色与绿色，通过一些图像编辑软件或工具能够有效地验证颜色的盲区。

考虑选择一种基准色颜色来表征交互性与状态。内置的应用里的基准色包括例如备忘录中的黄色和日历中的红色等，如图 3-51 所示。如果要定义一种用于表征交互和状态的基准色，要确保在应用界面中不会和其他的颜色发生冲突。

避免给可交互和不可交互的元素使用相同的颜色。色彩是表明 UI 元素交互属性的方式之一。如果可交互和不可交互的元素使用相同的颜色，用户将难以判断哪些区域是可点的。

合理地使用色彩可以向用户传达信息，要尽可能确定应用中运用的色彩向用户传达了恰当的信息。

不能让颜色喧宾夺主，让用户分心。除非色彩是应用的目的和本质所在，通常情况下色彩应该用来从细微细节之处提升用户体验。

2. 优秀的排版提供清晰的传达

字体权重在内容的整体风格和表达中有重要影响，因此可以选择特定的权重来达到设计目的。在界面中使用文本设计界面时，要注意以下几点。

文本大小的响应式变化需要优先考虑内容，并不是所有的内容对用户都是同等重要的。例如当用户选择具备更大易用性的文本尺寸时，邮件将会以更大的尺寸显示邮件的主题和内容，而对于那些没那么重要的信息，如时间和收件人，则采用较小的尺寸，如图 3-52 所示。

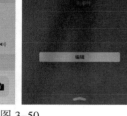

图 3-50　　　　　　　　　　图 3-51　　　　　　　　　　图 3-52

通常情况下，应该整体使用单一字体。多种字体的混杂会使应用看上去支离破碎和草率。使用一种字体和少数样式时，可根据语义用途，来定义不同文本区域的样式，例如正文或者标题，如图 3-53 所示。

3.3.3 语言风格

在应用中呈现的每一个字都是与用户进行对话的一部分。只有把握这样的对话机会，才能够为用户提供清晰的表意和愉悦的体验。

图 3-53

设置是面向全体用户的一个基础应用，因此它使用了简明扼要的语言来描述用户可以进行的操作。例如，在 iOS 9 系统中，"设置"列表中的"勿扰模式"和"备忘录"界面中都使用简单通俗的语言向用户描述了一系列的操作和介绍，使得用户易于理解界面中所表达的内容，如图 3-54 所示。

在界面中使用语言时，要注意以下几点。

（1）保证在应用中使用的术语是用户能理解的。根据对用户群的理解来决定在应用中使用什么样的词汇。举个例子，在一款针对小白用户的应用中使用技术术语是不合适的，但对于针对高端用户的应用来说，使用技术术语是很自然的事情。

图 3-54

（2）使用非正式的友好语气，但不需要太过卑微。由于用户可能会反复阅读，所以要避免太正式太僵化，或者太过随意，傲慢无礼。

（3）像新闻编辑一般遣词造句，避免不必要的冗余语句。其文案足够简明扼要，用户就可以很轻松地阅读和理解它。确定最重要的信息，精炼它并且突出它，让用户不需要读一大段文字才能了解他们在找什么，以及下一步要做什么。

（4）给控件加上短标签或者容易理解的图标，让用户只看一眼就能知道这个控件是干什么的。

在描述时间时要注意准确性。由于没有办法确定用户当前的时区和时间，尽量不要使用今天和明天，这些词汇确实显得比较友好，但有时候会让用户费解。

（5）当为用户的应用写一则漂亮的 APP Store 描述，最大程度把握住这个与潜在用户沟通的绝佳机会。除了准确描述其应用的品质、强调亮点以外，可能还需要做到以下几点。

- 修正所有的拼写、语法与标点符号错误。这些小错误也许不会影响用户正常使用，但是可能会让他们对应用的整体品质产生负面印象。
- 尽量少用全大写的词汇。虽然大写单词有时候可以吸引注意力，但是全大写的段落不适合阅读，会对用户的使用造成不便。
- 可以描述 Bug 修复情况。如果应用新版包含用户一直期待的 Bug 修复，那在软件描述中提到这一点就是个很好的做法。

在 iOS 应用程序中，其语言风格就表达的逻辑而言非常清楚，用户在设计界面时可以多参考 iOS 中的语言风格，但切记不要照抄。

3.3.4　确保程序在 iPad 和 iPhone 上通用

在为 iPad 和 iPhone 设计程序时，要确保该设计方案可以适用两种设备。因此在制作时应注意以下几点。

为设备量身定做程序界面。大多数界面元素在两种设备上通用，但通常布局会有很大差异。

为屏幕尺寸调整图片。用户期待在 iPad 上见到比 iPhone 上更加精致的图片。在制作时最好不要将 iPhone 上的程序放大到 iPad 的屏幕上。

保持主功能。无论在哪种设备上使用，都要保持主功能，不要让用户觉得是在使用两个完全不同的程序，即使是一种版本，也会为任务提供比另一版更加深入或更具交互性的展示。

超越"默认"。没有优化过的 iPhone 程序会在 iPad 上默认以兼容模式运行。虽然这种模式使得用户可以在 iPad 上使用现有的 iPhone 程序，但却没能给用户提供他们期待的 iPad 体验。

3.3.5 重新考虑基于 Web 的设计

如果制作的程序是从 Web 中移植而来，就需要确保程序能摆脱网页的感觉，要确保给予用户的是 iOS APP 程序的体验，而不是 Web 体验。谨记用户可能会在 iOS 设备上使用 Safari 来浏览网页。通过以下几点能够更好地帮助 Web 开发者创建更好的 iOS APP。

聚焦用户的应用程序。网站通常为用户提供了许多任务和选项，但是这种体验并不适合于 iOS 应用，iOS 用户希望应用程序简洁明了，能够立刻给出他们想要的内容。

确保应用程序能让用户做事情。在访问网站的时候，用户希望能够看到网站营销的内容，但是在 APP 中，用户更希望 APP 能够帮助用户完成一些事情。

注意触屏体验的设计。不要尝试在 iOS 应用中反复使用网页设计模式。反而，要通过熟悉 iOS 的界面元素和模式，并用它们来展现内容，包括菜单和鼠标滑过的互动等需要重新考虑。

让屏幕滚动起来。很多网站在首屏或者尽量靠上的位置来显示重要的内容，因为用户若是找不到自己想要的内容就会很快关闭网页。但是在 iOS 设备上，滚动是一个简单却受欢迎的体验。如果通过缩小字体来压缩尺寸，那么就会使所有的内容挤在同一个屏幕中，所有显示的内容也将看不清楚，布局也无法使用。

重新定义主页按钮。大多数网页会将回主页的图标放置在每个页面的顶部。iOS 程序不包括主页，所以不必放置回主页的图标。

 另外，iOS 程序允许用户通过单击状态栏快速回到列表的顶部。如果在屏幕顶部放置一个主页图标，想按状态栏就会很困难。

3.4 iOS 基本图形的绘制

在 iOS APP 中，不管是图标还是界面的制作，都会有许多或复杂或简单的图形，因此必须对图形的绘制有所掌握。

一个完整的应用程序是由许多不同的图形元素组成的，iOS APP 中最常见的图形使用有矩形、圆角矩形、圆形以及其他一些通过简单的图形的加减法运算拼凑而成的不规则形状。

3.4.1 线条的绘制

在界面制作中，使用线条可以使用直线做列表分割线，使用直线将多个选项上下分隔开来，既保持了页面的整洁度，又可以使用户能够方便、简洁和快速地浏览选项，如图 3-55 所示。直线在图标中也经常使用，可以起到装饰作用。

图 3-55

提示　线条在 iOS 界面中使用十分广泛，主要被用作对文本及列表的分割，使多个数据整洁且规范。

案例 4　**制作记事本图标**
教学视频：视频 \ 第 3 章 \3-4-1.mp4　源文件：源文件 \ 第 3 章 \3-4-1.psd

案例分析：
　　本案例主要讲解了 iOS 9 中的记事本图标的制作过程，使用户了解直线在图标中的运用。在操作时要注意各个元素之间均匀分布，在绘制时一定注意每一条直线之间的距离要相等。

色彩分析：
　　图标的背景以白色为底色，直线以灰色为主色，搭配不同颜色的圆形，呈现简洁而又不失美观的界面效果。

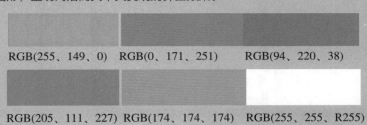

RGB(255、149、0)　RGB(0、171、251)　RGB(94、220、38)

RGB(205、111、227)　RGB(174、174、174)　RGB(255、255、R255)

01 　执行"文件 > 新建"命令，新建一个 1300×1300 像素的空白文档，如图 3-56 所示。单击工具箱中的"圆角矩形工具"按钮，填充背景色为 RGB(128、127、127)，如图 3-57 所示。

图 3-56   图 3-57

02 单击工具箱中的"圆角矩形工具"按钮，创建一个半径为 200 像素、填充颜色为 RGB(255、255、255) 的圆角矩形，如图 3-58 所示。单击工具箱中的"椭圆工具"按钮，按住 Shift 键创建一个填充颜色为 RGB(255、149、0) 的圆形，如图 3-59 所示。

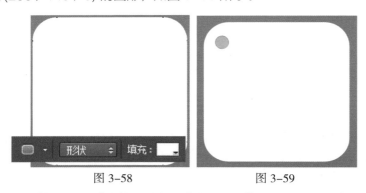

图 3-58   图 3-59

03 单击工具箱中的"椭圆工具"按钮，单击"选择路径"按钮，执行 "减去顶层形状"命令，绘制填充颜色为白色的圆形，如图 3-60 所示。单击工具箱中的"椭圆工具"按钮，单击"选择路径"按钮，执行"减去顶层形状"命令，在同一图层中绘制填充颜色为 RGB(255、149、0) 的圆形，如图 3-61 所示。

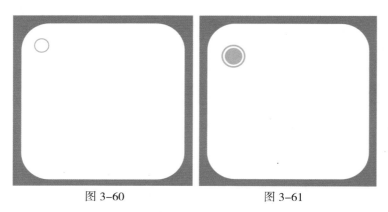

图 3-60   图 3-61

在绘制正圆时，将"路径操作"设置为"减去顶层形状"后，一定要注意的是先单击鼠标左键并拖动鼠标，再按住 Shift 键，才能绘制出正圆，如果先按住 Shift 键，再拖动鼠标，就会将"路径操作"修改为"合并形状"了。

在制作过程中，可使用快捷键 Ctrl+R 打开标尺，使用辅助线来对齐图形。

04 使用相同的方法绘制圆形，如图 3-62 所示。单击工具箱中的"直线工具"按钮，在图标中绘制直线，并将其颜色改为 RGB(174、174、174)，调整图形的位置，如图 3-63 所示。

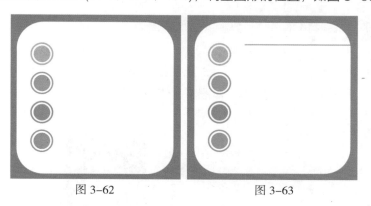
图 3-62　　　　　　　　图 3-63

绘制完第一根线条后，要设置"操作路径"为"合并形状"，或按下 Shift 键，再继续绘制第二根线条，以将它们拼合到一个图层中。

05 使用相同的方法完成其他线条的绘制，如图 3-64 所示。并将"形状 1 拷贝 4"图层置于底层，选中图层并右击，选择快捷菜单中的"创建剪切蒙版"命令，如图 3-65 所示。

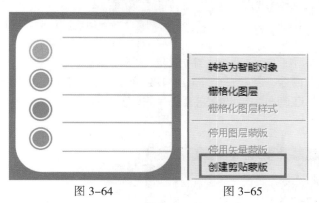
图 3-64　　　　　　　　图 3-65

06 其"图层"面板如图 3-66 所示。其最终效果如图 3-67 所示。

图 3-66

图 3-67

3.4.2 矩形的绘制

矩形最常见也是最不可缺少的就是在界面中的运用。不论是图标还是应用界面的制作，都会经常用到这种形状，因此矩形也是 iOS APP 基本图形制作中最常用，也是最不可缺少一个图形元素，如图 3-68 所示。

图 3-68

 提示 在 iOS 中，通常是作为背景出现，将一些琐碎而又零散的小元素浮动于上方，使整个界面看起来更整齐。

接下来向用户详细讲解在 Photoshop 中如何制作数字键盘的界面图。

执行"文件 > 新建"命令，新建一个 640×432 像素的空白文档，如图 3-69 所示。单击工具箱中的"直线工具"按钮，在画布中绘制填充颜色为 RGB(140、140、140)、粗细为 1 像素的直线，如图 3-70 所示。

图 3-69

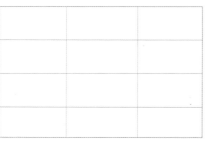

图 3-70

单击工具箱中的"矩形工具"按钮，在画布中绘制填充颜色为 RGB(209、213、219)、描边为无的矩形，如图 3-71 所示。使用相同的方法完成相似图形的绘制，如图 3-72 所示。

图 3-71

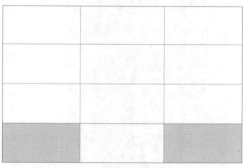

图 3-72

单击工具箱中的"直线工具"按钮，在画布中绘制填充颜色为黑色、粗细为 2 像素的直线，如图 3-73 所示。使用相同的方法完成其他图形的绘制，如图 3-74 所示。

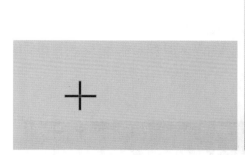

图 3-73

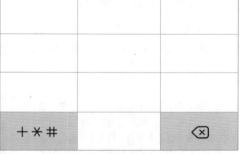

图 3-74

提示　在制作过程中，可将"路径操作"设置为"合并形状"，可以将两个或多个图形绘制在同一个形状图层中，在制作时也可以直接绘制好多个形状后，选中所有形状图层，按下快捷键 Ctrl+E 将所有形状合并在一个图层中。

打开"字符"面板，设置各项参数值，如图 3-75 所示。使用"横排文字工具"在画布中输入文字，效果如图 3-76 所示。

图 3-75

图 3-76

使用相同的方法完成其他文字的制作，其"图层"面板如图 3-77 所示，效果如图 3-78 所示。

图 3-77

图 3-78

3.4.3 圆角矩形的绘制

圆角矩形对所有智能手机用户来说应该最熟悉了，最典型的案例就是几乎所有的触屏手机中，都会有圆角矩形的模拟按键和按钮，如图 3-79 所示。另外在 iOS 原装系统中，所有图标都是有圆角矩形的背景，如图 3-80 所示。

图 3-79

图 3-80

案例 5　**制作智能小键盘**
教学视频：视频 \ 第 3 章 \3-4-3.mp4　　源文件：源文件 \ 第 3 章 \3-4-3.psd

案例分析：

　　制作 iOS 9 中的智能小键盘，它的底座设置轻微的不透明度，主要是对绘图工具以及图层样式的设置，但需要注意的是，其排列布局一定要整齐。

色彩分析：

　　半透明的背景、灰白色的键盘，搭配黑色的文字，使整个页面更加温和。

RGB(201、206、214)　RGB(171、177、187)　　RGB(255、255、255)

01 ▼　执行"文件 > 新建"命令，新建一个 640×432 像素、背景图像为透明的空白文档，如图 3-81
所示。单击工具箱中的"矩形工具"按钮，创建一个填充颜色为 RGB(201、206、214) 的矩形，并
设置不透明度为 85%，如图 3-82 所示。

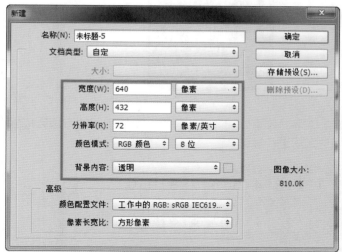

图 3-81　　　　　　　　　　　　　　　　　图 3-82

02 ▼　单击工具箱中的"圆角矩形工具"按钮，创建一个填充颜色为白色、半径为 10 的圆角矩形，
如图 3-83 所示。单击"图层"面板底部的"添加图层样式"按钮，在弹出的"图层样式"对话框中
选择"投影"选项，设置如图 3-84 所示。

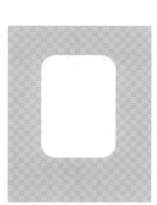

图 3-83　　　　　　　　　　　　　　　　　图 3-84

　用户也可通过双击该图层缩览图，打开"图层样式"对话框，为图层添加相应的样式。

03 ▼　设置完成后得到图形的效果，如图 3-85 所示。打开"字符"面板，设置各项参数值，如图 3-86
所示。

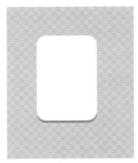

图 3-85　　　　　　　　　　图 3-86

04 使用"横排文字工具"在画布中输入文字，效果如图 3-87 所示。使用相同的方法完成相似图形的绘制，其效果如图 3-88 所示。对相关图层进行编组。

图 3-87　　　　　　　　　　图 3-88

 提示 也可使用复制图层的方法，完成相似图形的制作，在复制图层时，可以选中要复制的图层，按住 Alt 键的同时使用鼠标拖动图像，在移动图像的同时可以直接复制图层。

05 单击工具箱中的"圆角矩形工具"按钮，创建一个填充颜色为 RGB(165、171、181)、半径为 10 像素的圆角矩形，并设置"不透明度"为 80%，如图 3-89 所示。单击"图层"面板底部的"添加图层样式"按钮，在弹出的"图层样式"对话框中选择"颜色叠加"选项，设置如图 3-90 所示。

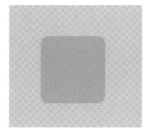

图 3-89

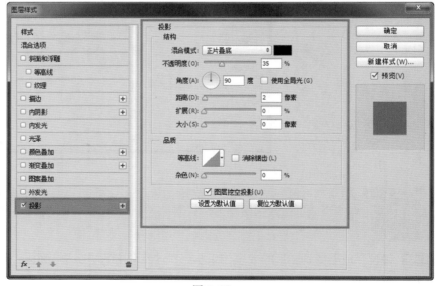

图 3-90

提示　图层的"不透明度"用于控制图层、图层组中绘制的像素和形状的不透明度；而"填充"则是用于控制像素和形状的不透明度。当对图层添加了图层样式，设置图层"不透明度"会在改变形状或像素的不透明度的同时影响图层样式。

06 设置完成后，得到的效果如图 3-91 所示。打开"字符"面板，设置各项参数值，如图 3-92 所示。

　　　图 3-91　　　　　　　　　　　图 3-92

07 使用"横排文字工具"在画布中输入文字，效果如图 3-93 所示。使用相同的方法完成相似图形的绘制，其效果如图 3-94 所示。

　　　图 3-93　　　　　　　　　　　图 3-94

3.4.4　圆形的绘制

　　不论是在 iOS APP 图形制作还是界面制作中，都会经常涉及"圆"这种图形元素，由圆形延伸而来的还有正圆、椭圆和圆环。圆环在界面的使用中较少，通常会在图标的制作中作为装饰性元素或在暗喻的物体中需要时出现。

　　在 iOS 界面中使用正圆形的图标有许多，如图 3-95 所示。相对正圆和椭圆两种来说，正圆在 iOS APP 图形制作中使用较为广泛。对圆形进行图形的加减法操作，可以延伸出圆环等其他不规则的形状，如图 3-96 所示。

　　　图 3-95　　　　　　　　　　　图 3-96

<table>
<tr><td>案例6</td><td>制作 iOS 9 的解锁界面
教学视频：视频 \ 第 3 章 \3-4-4.mp4　　源文件：源文件 \ 第 3 章 \3-4-4.psd</td></tr>
</table>

案例分析：

　　本案例为 iOS 9 中的解锁界面，让用户在界面中熟练使用圆形，在制作的过程中要保证每一个正圆按键之间的距离相等，所有的正圆按键大小都是相同的。这款按钮的操作步骤比较简单，制作时仔细调整每个形状的位置。

色彩分析：

　　整个页面中以图像作为背景，并为其创建黑色图层以调整不透明度，为背景制作模糊的效果，搭配白色按键，既简单大方又为页面添加了神秘的气息。

RGB(1、0、0)　　　　　RGB(255、255、255)

01 新建文档，打开素材图像"素材 \ 第 3 章 \34401.png"，如图 3-97 所示。使用"油漆桶工具"为画布填充黑色，并修改图层"不透明度"为 40%，效果如图 3-98 所示。

图 3-97　　　　　　　　　图 3-98

提示　　也可以选择"油漆桶工具"，在选项栏中设置"油漆桶工具"的"不透明度"为 40%，然后按下快捷键 Alt+Delete 填充画布颜色，此时填充的画布图像"不透明度"为 40%，但"图层"面板中的"不透明度"仍显示为 100%。

02 单击"图层"面板底部的"创建新的填充或调整图层"按钮，在弹出的菜单中选择"色阶"选项，然后在弹出的"色阶"面板中设置参数值如图 3-99 所示。设置完成后关闭"色阶"面板，其效果如图 3-100 所示。

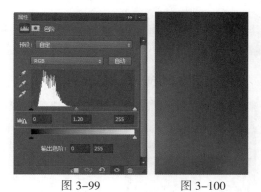

图 3-99　　　　　　图 3-100

可以执行"图像 > 调整 > 色阶"命令，在弹出的"色阶"对话框中设置完各项参数后单击"确定"按钮，但使用该方法不会对其数据有所保留。

03 执行"视图 > 标尺"命令，在画布中拖出参考线，如图 3-101 所示。按下 Shift 键的同时在画布中拖动鼠标创建白色的圆环，如图 3-102 所示。

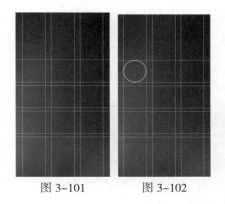

图 3-101　　　　图 3-102

在复制图层时，可以选中要复制的图层，按下 Alt 键的同时使用鼠标拖动图像，在移动图像的同时可以直接复制图层。

04 复制该图层，并将其拖移至合适的位置，如图 3-103 所示。使用相同的方法完成相似内容的制作，选中所有圆环图层，按快捷键 Ctrl+G 将其编组，重命名为"按键"，修改图层"混合模式"为"叠加"，如图 3-104 所示。

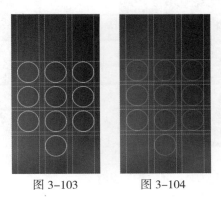

图 3-103　　　　图 3-104

在界面 UI 设计中，为防止图层较多导致页面混乱，可将相应的图层进行编组，为方便以后修改和管理。

05 复制该组，修改图层"不透明度"为 80%，如图 3-105 和图 3-106 所示。

图 3-105　　　　　　　　　图 3-106

06 使用相同的方法完成其他相似内容的制作，如图 3-107 所示。执行"文件 > 打开"命令，打开素材图像"素材 \ 第 3 章 \34402.png"，将相应的图片拖入画布中，如图 3-108 所示。

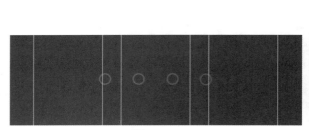

图 3-107　　　　　　　　　图 3-108

07 打开"字符"面板，设置各项参数值，如图 3-109 所示，在画布中输入相应文字，如图 3-110 所示。

图 3-109　　　　　　　　　图 3-110

08 使用相同的方法输入其他文字，并将相应的图层进行编组，"图层"面板如图 3-111 所示。使用相同的方法输入其他文字，其最终效果如图 3-112 所示。

图 3-111

图 3-112

3.4.5　其他形状

以上为用户介绍了多种基本图形的绘制，但在 iOS APP 图形元素中还有一些其他的不规则形状，因为有些事物不管在图标还是在界面的制作中，无法使用简单的形状就能表达的，例如五角星、多边形以及一些无法用 Photoshop 提供的形状工具直接绘制的不规则形状，如图 3-113 所示。

图 3-113

案例 7　制作 iOS 9 的选项图标

教学视频：视频 \ 第 3 章 \3-4-5.mp4　　　　源文件：源文件 \ 第 3 章 \3-4-5.psd

案例分析：

本案例为 iOS 9 中的选项图标，让用户在界面中熟练使用各种工具绘制图形，制作难点在于图标图层的排列顺序，以及图标形状锚点的绘制。在制作时一定要认真调整才可以制作出精致的图像效果。

色彩分析：

整个选项图标以浅蓝色与白色搭配为主，突出选项图标的特点，简单大方而又耀眼明亮。

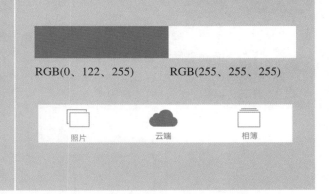

RGB(0、122、255)　　　　RGB(255、255、255)

01 ☑ 执行"文件 > 新建"命令，新建一个空白文档，如图 3-114 所示。单击"图层"面板底部的"添加图层样式"按钮，在弹出的"图层样式"对话框中选择"颜色叠加"选项，设置如图 3-115 所示。

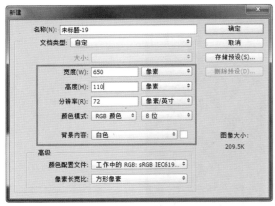
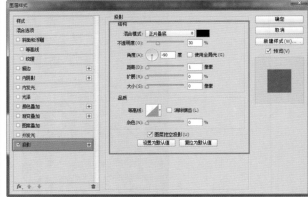

图 3-114　　　　　　　　　　　　　　　　　图 3-115

02 单击工具箱中的"矩形工具"按钮，创建一个"描边"颜色 RGB(146、146、146) 的矩形，如图 3-116 所示。使用相同的方法绘制一个填充为白色的矩形，如图 3-117 所示。

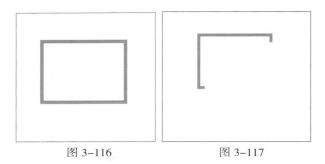

图 3-116　　　　　　　　　　　　图 3-117

03 将"图层 3"复制得到矩形 3 拷贝，按快捷键 Ctrl+T 将图形等比例缩小，如图 3-118 所示。单击工具箱中的"钢笔工具"按钮，设置颜色 RGB(0、122、255)，绘制如图 3-119 所示的图形。

 在 Photoshop 中，可以通过快捷键 Ctrl+T 来执行"自由变换"命令，然后通过自由旋转、比例和倾斜工具来变换对象。变换时，可用 Ctrl 键控制自由变换，用 Shift 键控制方向、角度和等比例缩放，用 Alt 键控制中心对称。

 选择"钢笔工具"，鼠标光标变为钢笔头的形状，单击鼠标即可新建锚点；将鼠标拖动到两个锚点之间，鼠标光标变为钢笔头右下方出现一个小加号时，在路径上单击鼠标，可以在路径上添加锚点；将鼠标放在任意一个锚点上，右下方出现一个小减号时，单击即可删除锚点。

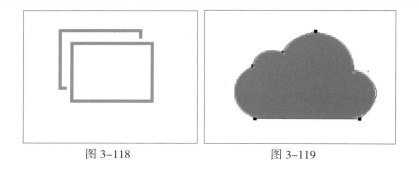

图 3-118　　　　　　　　　　图 3-119

04 ✓　单击工具箱中的"矩形工具"按钮,设置"描边"颜色 RGB(146、146、146),绘制如图 3-120 所示的图形。单击工具箱中的"直线工具"按钮,设置颜色 RGB(146、146、146),绘制如图 3-121 所示的图形。

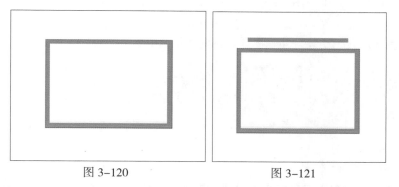

图 3-120　　　　　　　　　图 3-121

05 ✓　使用相同的方法,完成其他图形的绘制,如图 3-122 所示。打开"字符"面板,设置如图 3-123 所示的参数。

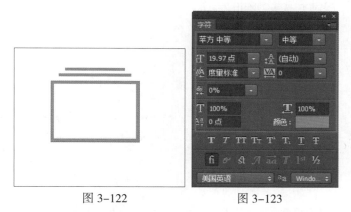

图 3-122　　　　　　　　　图 3-123

06 ✓　使用"横排文字工具",输入如图 3-124 所示的文字。使用相同方法输入其他文字,如图 3-125 所示。将相关图层进行编组。

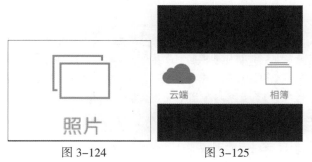

图 3-124　　　　　　　　　图 3-125

07 ✓　完成图形绘制,最终效果如图 3-126 所示。

图 3-126

3.5　控件的绘制

iOS 中有各种各样的控件，用户可以通过控件快捷地完成一些操作或浏览信息的界面元素。

由于控件是从 UIView 继承而来，因此用户可以通过控件的颜色属性来为其着色。iOS 系统提供的控件默认支持系统定义的动效，外观也会随着高亮和选中状态的变化而变化。

 UIView 表示屏幕上的一块矩形区域，它在 APP 中占有绝对重要的地位，因为 iOS 中几乎所有可视化控件都是 UIView 的子类。负责渲染区域的内容，并且响应该区域内发生的触摸事件。

3.5.1　活动指示器

活动指示器的主要作用是提示用户任务或过程正在进行中，如图 3-127 所示。或者随着低电量模式开启而改变的电量指示，如图 3-128 所示。当 iOS 9 的低电量模式打开时，除了电量指示器变为黄色之外，还自动开始显示电量剩余百分比。

图 3-127

图 3-128

 "低电量模式"将会在低电量的时候自动启动，自动延长使用时间。在低功耗模式下，苹果会充分利用手机的光感应和距离感应器，例如当用户不再接触手机时，系统会自动关掉信息亮屏提醒，或者当设备正面朝下时将关闭屏幕甚至不支持接收推送通知。同时会停止应用后台刷新，不活动时自动降低屏幕亮度，从而达到节省电量的效果。可以一直开着，但是没有必要一直开着。

外观：活动指示器在默认条件下是白色的。当低电量开启时，显示电量会呈现为黄色。

活动：当活动指示器在旋转时，任务正在执行，当其消失时任务完成。其不允许与用户进行交互。当其电池电量的活动指示器开启时，提示用户目前剩余电量。其不允许与用户进行交互。

指南：使用活动指示器在工具栏或主视图显示正在处理中，没有表明何时会结束。但告诉用户他们的任务或进程并没有停滞不前。

案例 8　**制作活动指示器**
教学视频：视频 \ 第 3 章 \3-5-1.mp4　　源文件：源文件 \ 第 3 章 \3-5-1.psd

案例分析：

　　本案例主要向用户介绍活动指示器的制作方法和步骤，简单向用户介绍状态栏各个图标的制作方法，需要用户掌握对不规则图形的使用。在制作过程中要注意界面中字体大小与各个元素的合理布局。

色彩分析：

　　界面中电池电量的显示主要以黄色为主色，显示电量的百分比，搭配白色的边框，使显示剩余电量更加明显。

RGB(246、206、46)　　RGB(255、255、255)

01 ⏷ 执行"文件 > 打开"命令，打开素材图像"素材 \ 第 3 章 \35101.jpg"，如图 3-129 所示。使用"椭圆工具"在画布左上角创建白色的正圆，如图 3-130 所示。

图 3-129　　　　　　图 3-130

02 ⏷ 设置"路径操作"为"合并形状"，继续在图像中绘制，结果如图 3-131 所示。打开"字符"面板，设置各项参数值，如图 3-132 所示。

图 3-131　　　　　　图 3-132

03 ✓ 使用"横排文字工具"在画布中输入文字，效果如图 3-133 所示。单击工具箱中的"钢笔工具"按钮，绘制一个填充颜色为白色的图形，如图 3-134 所示。

图 3-133　　　　　　　　图 3-134

04 ✓ 单击工具箱中的"钢笔工具"按钮，设置模式为"路径"，单击"路径操作"按钮，执行"减去顶层形状"命令，绘制图形，如图 3-135 所示。使用相同的方法绘制其他图形，如图 3-136 所示。

图 3-135　　　　　　　　图 3-136

05 ✓ 打开"字符"面板，设置各项参数值，如图 3-137 所示。使用"横排文字工具"在画布中输入文字，效果如图 3-138 所示。

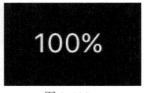

图 3-137　　　　　　　　图 3-138

06 ✓ 单击工具箱中的"圆角矩形工具"按钮，绘制一个圆角矩形，设置"填充"为无、"描边"为白色，在画布中创建半径为 3 像素的形状，如图 3-139 所示。设置"填充"和"描边"颜色为 RGB(246、206、46)，在图像中创建另一个形状，如图 3-140 所示。

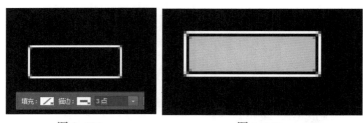

图 3-139　　　　　　　　图 3-140

07 ✓　单击工具箱中的"椭圆工具"按钮，绘制一个椭圆图形，设置"填充"为白色，如图 3-141 所示。单击"矩形工具"按钮，设置"路径操作"为"减去顶层形状"，在图像中绘制，如图 3-142 所示。对相关图层进行编组，重命名为"电池"。

图 3-141　　　　　　　图 3-142

08 ✓　打开"字符"面板，设置各项参数值，如图 3-143 所示。使用"横排文字工具"在画布中输入文字，图形效果如图 3-144 所示。

图 3-143　　　　　　　图 3-144

09 ✓　使用相同的方法完成其他文字的制作，如图 3-145 所示。单击工具箱中的"圆角矩形工具"按钮，创建"填充"为白色、半径为 1000 像素的圆角矩形，如图 3-146 所示。

图 3-145　　　　　　　图 3-146

10 ✓　执行"编辑 > 变换路径 > 旋转"命令，对图形进行旋转，如图 3-147 所示。复制形状，执行"编辑 > 变换 > 水平翻转"命令，并拖移至合适的位置，合并"圆角矩形 3"和"圆角矩形 3 拷贝"，修改"不透明度"为 30%，如图 3-148 所示。

图 3-147 图 3-148

11 打开"字符"面板，设置各项参数值，如图 3-149 所示。使用"横排文字工具"在画布中输入文字，修改图层"不透明度"为 30%，效果如图 3-150 所示。

图 3-149

图 3-150

> **提示**
> "不透明度"用于控制图层、图层组合中绘制的图像、形状、像素和图层样式的不透明度，而"填充"则用于控制像素和形状的不透明度，如果对图层添加了图层样式，调整该项不会对图层所应用的图层样式有影响。

12 执行"文件 > 打开"命令，打开素材图像"素材 \ 第 3 章 \35102.png"，将相应的图片拖入画布中，并设置"不透明度"为 50%，如图 3-151 所示。最终效果如图 3-152 所示。

图 3-151 图 3-152

3.5.2　日期和时间拾取器

日期和时间拾取器显示了日期和时间的内容，是供用户选择时间的各个组成，包括分钟、小时、日期和年份，如图 3-153 所示。

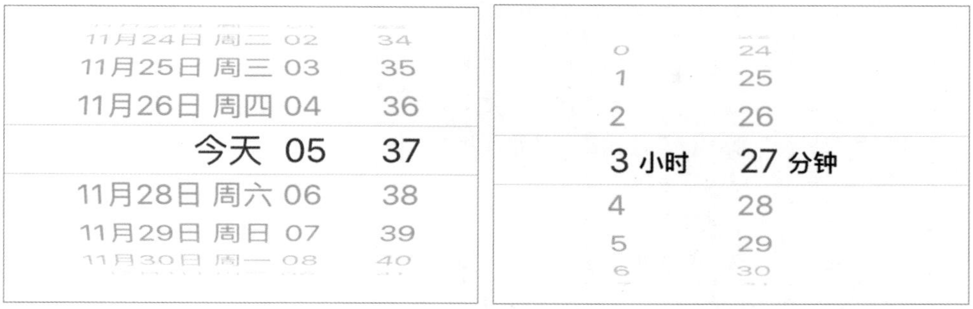

图 3-153

接下来就向用户简单介绍日期选择器的行为和制作方法。

行为：日期和时间拾取器最多可以展示 4 个独立的滑轮，每一个滑轮展示一个类值，每个显示的值在一个单一的范畴，例如月、日、小时和分钟。

用户可以拖动滑轮，直到透明的选项栏上出现想要的值，每个滑轮上最终的值就成为拾取器的值，该值使用深色文字进行显示，由于它的大小与 iPhone 键盘相同，因此不能进行调整。

日期和时间拾取器的每一个滑轮展示一种状态数量，一共有 4 种状态供用户选择，其中包括日期和时间、日期、时间和倒计时。

日期和时间：用来展示日期、小时和分钟。默认模式情况下，上午 \ 下午的滑轮可选。

日期：展示年份、天和年。

时间：展示小时和分钟，上午 \ 下午的滑轮可选。

倒计时：显示车轮的小时和分钟。用户可以指定总持续时间的倒计时，最多 23 小时 59 分钟。

指南：用户可以使用日期和时间拾取器对包含多段内容的时间进行设计，例如日、月、年。因为每一部分的取值范围都很小，用户也猜得到接下来会出现什么，所以日期和时间拾取器操作起来非常简单。

有时可以合理地改变一下分钟滑轮的步长。当分钟轮处于默认状态时，通常展示为 60 个值（0 ～ 59）。当用户对时间的精准度没有太高的要求时，可以将分钟轮的步长设置得更大些，最高可达 60。例如对时间精准度要求是"刻"，就可以展示 0、15、30、45。

在 iPad 上，日期和时间拾取器只在浮出层里展示，因为日期和时间拾取器不适合在 iPad 上全屏展示。

案例 9 制作选择器

教学视频：视频 \ 第 3 章 \3-5-2.mp4　　源文件：源文件 \ 第 3 章 \3-5-2.psd

案例分析：

　　本案例主要向用户介绍 iOS 9 中选择器的制作方法，整个界面只有文字和两根线条。为了创建出精确的文字滚动效果，制作时尽可能多地使用辅助线，并在调整文字大小时精确地设置数值，来完成选择器的制作。

色彩分析：

　　界面中使用浅色的标题栏和白色的背景，并搭配蓝色和黑色的文字，使界面更加整洁。

RGB(66、150、250)	RGB(247、247、247)	RGB(0、0、0)

01 ▼　执行"文件＞新建"命令，新建一个空白文档，如图 3-154 所示。单击工具箱中的"矩形工具"按钮，在画布中创建填充为 RGB(246、246、246)、描边为无的矩形，并在"图层"面板中设置"填充"为 90%，如图 3-155 所示。

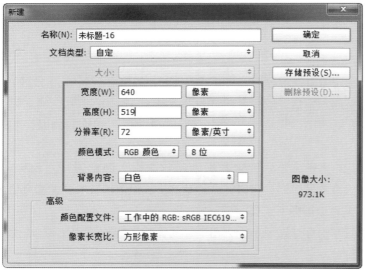

图 3-154

图 3-155

02 ▼　单击"图层"面板底部的"添加图层样式"按钮，在弹出的"图层样式"对话框中选择"投影"选项，设置如图 3-156 所示的参数。打开"字符"面板，设置各项参数值，如图 3-157 所示。

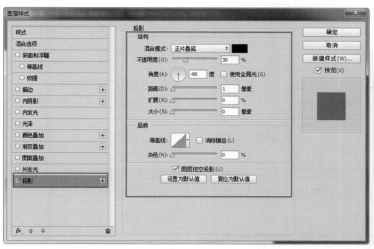

图 3-156　　　　　　　　　　　　　图 3-157

03 使用"横排文字工具"在画布中输入文字,其效果如图 3-158 所示。使用相同的方法,完成其他文字的创建,如图 3-159 所示。

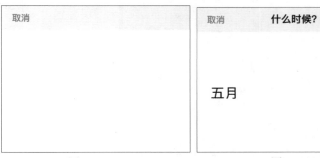

图 3-158　　　　　　　　　　　　　图 3-159

04 单击工具箱中的"直线工具"按钮,在文字上下方各绘制一条颜色为 RGB(205、205、205) 的直线,如图 3-160 所示。使用相同的方法输入文字,按快捷键 Ctrl+T,将文字沿着曲线弧度进行压缩, 效果如图 3-161 所示。

图 3-160　　　　　　　　　　　　　图 3-161

05 使用相同的方法完成其他文字的制作,如图 3-162 所示。单击工具箱中的"矩形工具"按钮, 在画布中创建"填充"为白色、"描边"为无的矩形,如图 3-163 所示。

图 3-162　　　　　　　　　　　　　　图 3-163

06 ▼ 在"图层"面板中设置"填充"不透明度为 0%，单击"图层"面板底部的"添加图层样式"按钮，在弹出的"图层样式"对话框中选择"渐变叠加"选项，设置如图 3-164 所示的参数，效果如图 3-165 所示。

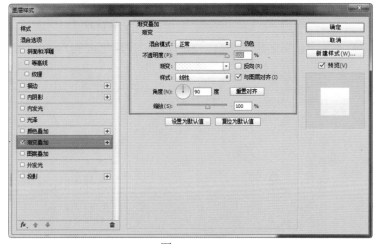

图 3-164　　　　　　　　　　　　　　图 3-165

07 ▼ 使用相同的方法完成相似图层的绘制，并将相应的图层进行编组。其"图层"面板如图 3-166 所示，效果如图 3-167 所示。

图 3-166　　　　　　　　　　　　　　图 3-167

3.5.3　详情按钮

详情按钮包括展开按钮和信息按钮，展开按钮的作用是显示更多的细节和功能相关的项目，如图 3-168 所示。信息按钮用来显示配置细节的应用，有时在后面的当前视图，如图 3-169 所示。

图 3-168　　　　　　　　　　　　　图 3-169

1. 展开按钮

当用户按下展开按钮，可以看到与某个物体相关的额外信息和功能，这些额外细节和功能会呈现在一个独立的表格或视图里。

当详情展开按钮出现在表格视图的"行"里时，用户按在行的其他位置上，只会选中行或者触发程序自定义的行为，细节展开按钮不会激活。

详情展开按钮通常用在表格视图里，用来引导用户查看更多与某项目相关的细节或功能，所以在制作的时候也可以将其使用在其他视图模式中。

2. 信息按钮

当用户单击该按钮时，信息按钮就会自动产生高亮效果，同时立刻有翻转屏幕展示背面等响应。信息按钮可以展示配置详情或者选项，所以在制作时可以使用与界面风格最相符的信息按钮样式。

在 iPhone 上，使用信息按钮翻转屏幕，能够展示更多信息。在通常情况下，屏幕的背后展示的信息不需要呈现在主界面上的配置选项。避免在 iPad 上使用信息按钮翻转整个屏幕。可以使用信息按钮向用户展示它们可以进入包含更多信息的扩展视图。

下面对详情按钮的制作进行介绍。

01 ▼　执行"文件 > 新建"命令，新建一个空白文档，如图 3-170 所示。使用"椭圆工具"，在画布中创建填充为无、描边为 RGB(21、126、251) 的正圆形，如图 3-171 所示。

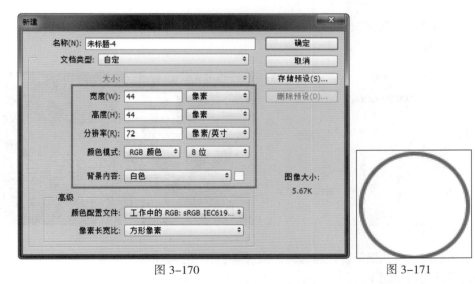

图 3-170　　　　　　　　　　　　　图 3-171

02 ▼　使用相同的方法完成相似图形的绘制，如图 3-172 所示。选择"钢笔工具"，设置模式为"形状"，填充颜色 RGB(21、126、251)。在画布中绘制如图 3-173 所示的图形。

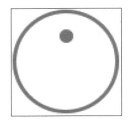 

图 3-172　　　　　　图 3-173

3.5.4　标签

在默认情况下，标签会使用系统字体，用于展示各种数量的静态文字，如图 3-174 所示。

标签用于展示各种数量的静态文字。用户与标签不进行交互，但可以使用文本标签复制文本内容。使用标签的名称或描述你的 UI 部件或提供短消息给用户。一个标签最适合显示相对少量的文本。尽量让制作的标签清晰可读，避免为了梦幻字体或炫目的色彩导致文字的清晰度大幅度降低。

图 3-174

3.5.5　网络活动指示器

网络活动指示器显示在状态栏中，显示网络活动的发生情况。例如在浏览网页时，系统会在手机左上角显示一个加载显示器，如图 3-175 所示。

图 3-175

当状态栏中的网络活动指示器在旋转时，表示网络活动正在执行；当其消失时，表示任务完成，并且用户与网络活动指示器不交互。当程序调用网络数据的时间稍长时，就应该展示网络活动指示器向用户反馈。如果数据传输很快就完成，就不用展示，因为用户可能还没发现它就消失了。

下面详细介绍网络活动指示器的制作方法。

01 ☑　执行"文件 > 新建"命令，新建一个空白文档，如图 3-176 所示。选择"圆角矩形工具"，在画布中创建"填充"为黑色、"描边"为无、半径为 30 像素的圆角矩形，如图 3-177 所示。

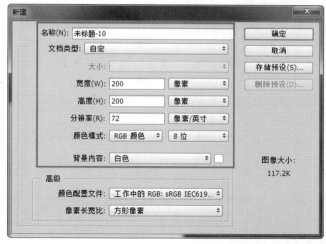

图 3-176　　　　　　　　　　　　　　　　图 3-177

02 ☑　在"图层"面板中设置"不透明度"为 80%，如图 3-178 所示。复制图层，得到"圆角矩形 1 拷贝"，执行"编辑 > 变换路径 > 旋转"命令，对图形进行旋转，如图 3-179 所示。

03 ☑　设置图层"不透明度"为 60%，如图 3-180 所示。使用相同的方法完成其他图形的绘制。最终效果如图 3-181 所示。

 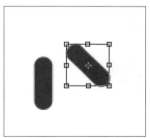  

图 3-178　　　　　　图 3-179　　　　　　图 3-180　　　　　　图 3-181

3.5.6　页面控制

　　页面是由页码指示器来显示和控制，有显示共有多少页视图和当前展示的是第几页的功能，如图 3-182 所示。

图 3-182

页面指示器的行为：一个圆点展示每一页视图的页码指示器，圆点的顺序与视图的顺序是一致的，发光的圆点就是当前打开的视图。

用户按下发光点左边或右边的点，就可以浏览前一页或后一页。每个圆点的间距是不可压缩的，竖屏视图模式下最多可以容纳 20 个点。即使放置了更多的点，多余的点也会被裁切掉。

指南：使用页码指示器可以展示一系列同级别的视图。

页码指示器不能帮助用户记录步骤和路径，如果要展示的视图间存在层级关系，就不需要再使用页码指示器了。

页码指示器通常水平居中放置在屏幕底部，这样即使将其总摆在外面都不会碍眼，不要展示过多的点。

在 iPad 上，应该考虑在同一屏幕上展示所有内容，iPad 的大屏幕不适于展示平级的视图，所以对页码指示器的依赖也比较小。

案例 10　制作页码指示器

教学视频：视频 \ 第 3 章 \3-5-6.mp4　　源文件：源文件 \ 第 3 章 \3-5-6.psd

案例分析：

本案例主要向用户介绍 iOS 9 中页码指示器的制作方法，要求对"椭圆工具"熟练使用，在制作过程中要注意精确对齐不同的图标和文字，可以使用参考线进行辅助对齐。

色彩分析：

该页码指示器使用白色为主色，设置其不透明度，以达到显示当前指示的页面。

RGB(255、255、255) RGB(128、129、129)

01 ▼ 执行"文件＞打开"命令，打开素材图像"素材 \ 第 3 章 \35601.jpg"，如图 3-183 所示。执行"文件＞打开"命令，打开素材图像"素材 \ 第 3 章 \35602.png 、35603.png"，将相应的图片拖入画布中，如图 3-184 所示。

02 ▼ 打开"字符"面板，设置各项参数值，如图 3-185 所示。使用"横排文字工具"在画布中输入文字，其效果如图 3-186 所示。

图 3-183

图 3-184

图 3-185

图 3-186

03 使用相同的方法完成相似内容的制作，如图 3-187 所示。单击工具箱中的"椭圆工具"按钮，绘制椭圆图形，设置图像"描边"为白色、"填充"为无，其效果如图 3-188 所示。

04 单击工具箱中的"直线工具"按钮，按住 Shift 键在画布中绘制直线，设置粗细为 3 像素，如图 3-189 所示。修改图层"不透明度"为 50%，效果如图 3-190 所示。

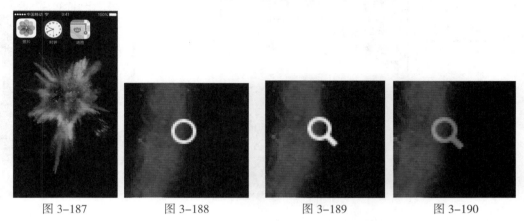

图 3-187　　　　　　　图 3-188　　　　　　　图 3-189　　　　　　　图 3-190

05 单击工具箱中的"椭圆工具"按钮，绘制椭圆图形，设置"填充"为白色，其效果如图 3-191 所示。使用相同的方法完成相似图形的绘制，如图 3-192 所示。

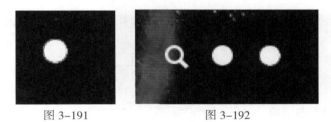

图 3-191　　　　　　　　图 3-192

06 在"图层"面板中设置"椭圆 3"图层的"不透明度"为 50%，如图 3-193 所示。单击工具箱中的"矩形工具"按钮，绘制一个图形，设置图像"填充"为白色，在"图层"面板中设置"填充"不透明度为 30%，其效果如图 3-194 所示。

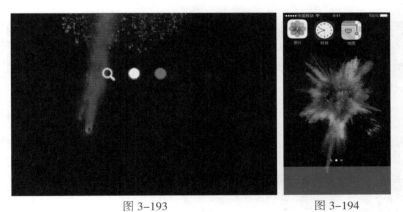

图 3-193　　　　　　　　图 3-194

07 单击"图层"面板底部的"添加图层样式"按钮，在弹出的"图层样式"对话框中选择"内阴影"选项，设置如图 3-195 所示的参数。执行"文件 > 打开"命令，打开素材图像"素材 \ 第 3 章 \35606.png、35607.png、35608.png、35609.png"，将相应的图片拖入画布中，并输入相应的文字，最终效果如图 3-196 所示。

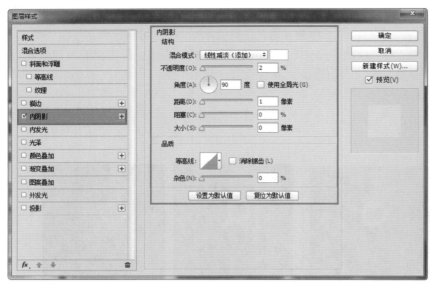

图 3-195

图 3-196

3.5.7　进度指示条

进度指示条向用户展示能够预测完成度（时间、量）的任务或过程的完成情况，如图 3-197 所示。

图 3-197

外观：一条轨道从左到右的填补过程，向用户展示了任务执行的进度，并且该过程不允许用户交互。

指南：进度指示条是在可以预测总长度的任务或过程时提供的，用来向用户展示当前进度，特别是对于一些急切地想知道任务大概还要用多少时间完成的用户。当用户看到进度指示器出现时，就知道任务还在进行中，这样用户就能够自己决定是继续等待还是终止进程。

案例 11　**制作信息界面**
教学视频：视频 \ 第 3 章 \3-5-7.mp4　　源文件：源文件 \ 第 3 章 \3-5-7.psd

案例分析：

　　本案例主要向用户介绍 iOS 9 中信息界面的制作方法和步骤，简单向用户介绍进度指示条以及对话框的制作方法。

色彩分析：

　　界面中主要由灰色与绿色的对话框组成，与进度条相对称，搭配蓝色和黑色的文字，使整个页面统一协调。

RGB(299、299、234)　　RGB(57、213、111)　　RGB(0、128、252)

01 执行"文件 > 新建"命令，新建一个空白文档，如图 3-198 所示。单击工具箱中的"矩形工具"按钮，在画布中创建填充为 RGB(248、248、248) 的矩形，如图 3-199 所示。

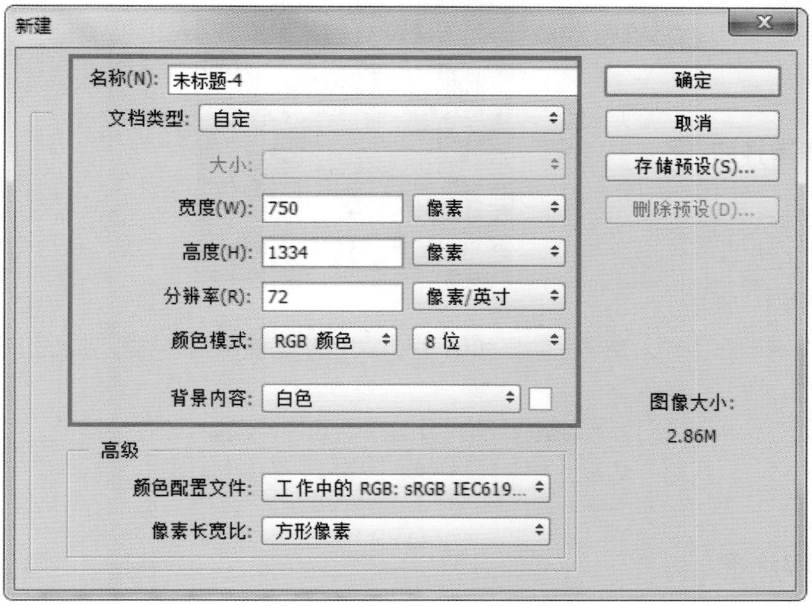

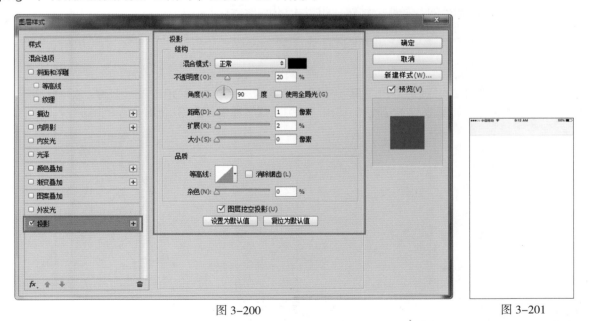

图 3-198 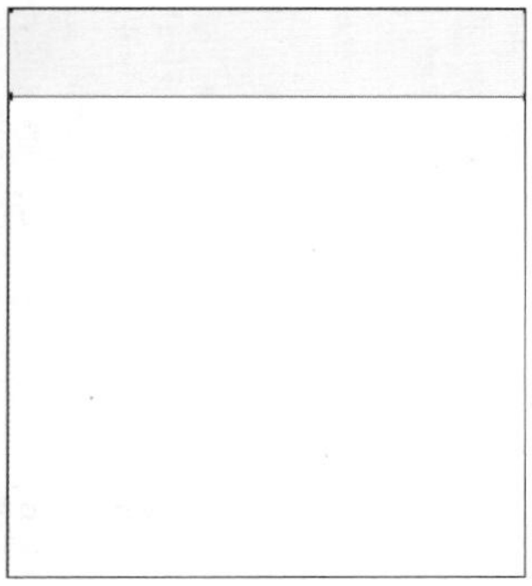　　　　　　　　　　　　　　　　　　　　图 3-199

02 单击"图层"面板底部的"添加图层样式"按钮，在弹出的"图层样式"对话框中选择"渐变叠加"选项，设置如图 3-200 所示的参数。执行"文件 > 打开"命令，打开素材图像"素材 \ 第 3 章 \35701. png"，将相应的图片拖入画布中，如图 3-201 所示。

图 3-200　　　　　　　　　　　　　　　　　　　　图 3-201

03 单击工具箱中的"矩形工具"按钮，在画布中绘制矩形，使用相同的方法完成相似内容的制作，并将相应的图层进行合并，效果如图 3-202 所示。打开"字符"面板，设置各项参数值，如图 3-203 所示。

图 3-202　　　　　　　　　　　图 3-203

04 使用"横排文字工具"在画布中输入文字，效果如图 3-204 所示。使用相同的方法完成其他文字的制作，如图 3-205 所示。

图 3-204　　　　　　　　　　　图 3-205

05 单击工具箱中的"直线工具"按钮，绘制一条直线，设置填充颜色为 RGB(57、213、111)，在画布中创建粗细为 6 像素的形状，如图 3-206 所示。

图 3-206

06 单击工具箱中的"圆角矩形工具"按钮，绘制填充颜色为 RGB(229、229、234)、半径为 30 像素的圆角矩形，如图 3-207 所示。使用"钢笔工具"绘制如图 3-208 所示的图形。

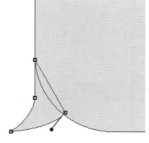

图 3-207　　　　　　　　　　　图 3-208

07 打开"字符"面板，设置各项参数值，如图 3-209 所示。使用"横排文字工具"在画布中输入文字，效果如图 3-210 所示。

08 使用相同的方法完成相似图形的制作，如图 3-211 所示。执行"文件 > 打开"命令，打开素材图像"素材 \ 第 3 章 \ 35702.png"，将相应的图片拖入画布中，如图 3-212 所示。

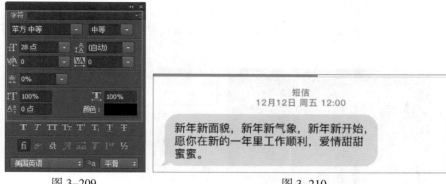

图 3-209　　　　　　　　　　　图 3-210

图 3-211　　　　　　　　　　图 3-212

3.5.8　刷新控制

刷新控制通常在当用户对发起的内容刷新时出现，如图 3-213 所示。

图 3-213

外观：类似于一个活动的指标，可以显示一个标题，默认状态下，只有用户启动刷新才能够将隐藏在界面中的刷新控制显示出来。

行为：当用户提供刷新页面时会不停止执行自动内容更新。供应短标题只有增加价值。但不要用标题来描述如何使用刷新功能。

3.5.9　搜索框

随着 iOS 功能的不断完善，系统设置中的设置选项越来越多，层级也越来越深。那么对于一些不常调用的设置项，往往需要思考和发掘片刻才能找到。在 iOS 9 的系统中设置内搜索，这大大提升了设置的效率，避免用户浪费过多不必要的寻找时间。搜索栏可以通过获得文本的方式作为筛选的关键字，如图 3-214 所示。

图 3-214

外观和行为：搜索栏的外观与圆角的文本框较相似。搜索栏在默认情况下将按钮放在左侧，用户点击搜索栏后键盘会自动出现，输入的文本会在用户输入完毕后按照系统定义的样式处理。

搜索栏还有一些可选的元素，具体内容如下。

● 占位符文本：可以用来描述控件的作用（例如"搜索"）或者提醒用户是在哪里搜索，例如"设置"、"主界面"等。

● 书签按钮：该按钮可以为用户提供便捷的信息输入方式。书签按钮只有当文本框里不存在用户输入的文字或占位符以外的文字时才会出现，因为这个位置在有了用户输入的文字后，会放一个清空按钮。

● 清空按钮：大多数搜索栏都包含清空按钮，用户点一下就擦除搜索栏中的内容，当用户在搜索栏中输入任何非占位符的文字时会出现。

● 描述性标题：它通常出现在搜索栏下面。例如，它有时是一小段用于提供指引的文字，有时会是一段介绍上下文的短语。

指南：用搜索栏来实现搜索功能，不要使用文本框。

用户可以在白色（与工具栏和导航栏的默认配色一致）和黑色两种标准配色中选取适当的颜色，对搜索框进行自定义。

案例 12

制作搜索框

教学视频：视频 \ 第 3 章 \3-5-9.mp4　　源文件：源文件 \ 第 3 章 \3-5-9.psd

案例分析：

本案例主要向用户介绍 iOS 9 中搜索框的制作方法和步骤，包括搜索框中各个元素以及文本的创建方法。制作时要注意图形不透明度的设置，以及绘制圆角矩形的大小。

色彩分析：

界面中以半透明图像作为背景，搭配白色的搜索框，使整个界面呈现神秘、美观的效果。

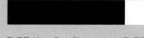

RGB(1、0、0)　　　　RGB(255、255、255)

01 ▽　执行"文件 > 打开"命令，打开素材图像"素材 \ 第 3 章 \35901.jpg"，如图 3-215 所示。新建图层，使用"油漆桶工具"为画布填充黑色，并修改图层"不透明度"为 40%，效果如图 3-216 所示。

02 ▽　单击"图层"面板底部的"创建新的填充或调整图层"按钮，在弹出的菜单中选择"色阶"选项，并在弹出的"色阶"面板中设置参数值如图 3-217 所示。执行"文件 > 打开"命令，打开素材图像"素材 \ 第 3 章 \35902.png"，将相应的图片拖入画布中，并置于顶层，如图 3-218 所示。

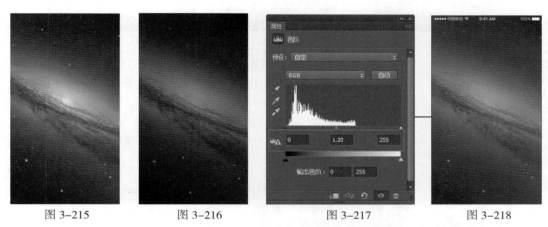

图 3-215　　　　　图 3-216　　　　　图 3-217　　　　　图 3-218

03 ▽　单击工具箱中的"圆角矩形工具"按钮，在画布中创建半径为 100 像素的形状，绘制图形，如图 3-219 所示。设置图层"填充"为 20%，修改图层"混合模式"为"变亮"，其效果如图 3-220 所示。

图 3-219　　　　　　　　　图 3-220

这里的图层"填充"与形状"填充"不是同一个概念，形状"填充"是指形状的填充颜色，而图层"填充"则是指相应图层的填充不透明度。

04 ▽　单击工具箱中的"椭圆工具"按钮，绘制一个椭圆图形，如图 3-221 所示。设置图层"填充"为 70%，修改图层"混合模式"为"颜色减淡"，其效果如图 3-222 所示。

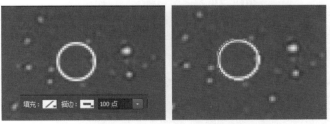

图 3-221　　　　　　　图 3-222

05 ▽　使用相同的方法绘制其他图形，如图 3-223 所示。打开"字符"面板，设置各项参数值，如图 3-224 所示。使用"横排文字工具"在画布中输入文字，效果如图 3-225 所示。

图 3-223   图 3-224   图 3-225

06 单击工具箱中的"直线工具"按钮，绘制直线图形，设置填充为白色，在画布中创建粗细为 4 像素的形状，如图 3-226 所示。设置图层"填充"为 75%，修改图层"混合模式"为"颜色减淡"，其效果如图 3-227 所示。

07 单击工具箱中的"椭圆工具"按钮，绘制圆形，设置填充为白色，按住 Shift 键在画布中创建正圆形，如图 3-228 所示。设置图层"填充"为 50%，修改图层"混合模式"为"变亮"，其效果如图 3-229 所示。

图 3-226   图 3-227   图 3-228   图 3-229

08 单击工具箱中的"圆角矩形工具"按钮，绘制图形，设置"填充"为无，设置"路径操作"为"减去顶层形状"，在图像中绘制并按下快捷键 Ctrl+T，将形状适当旋转，效果如图 3-230 所示。打开"字符"面板，设置各项参数值，如图 3-231 所示。

图 3-230   图 3-231

提示

如果使用"路径操作"绘制了复杂的复合形状后，还需要进一步调整，可以使用"路径操作"中的"合并形状组件"选项将所有的子形状拼合为一个完整的形状，再使用"直接选择工具"调整路径的形状，就不会过分受复杂路径的影响。

09 ∨　使用"横排文字工具"在画布中输入文字,在"图层"面板中设置"填充"为40%,效果如图3-232
所示。

图 3-232

10 ∨　执行"文件 > 打开"命令,打开素材图像"素材 \ 第 3 章 \35903.png",将相应的图片
拖入画布中,其"图层"面板如图 3-233 所示。最终效果如图 3-234 所示。

图 3-233　　　　　　　　图 3-234

3.5.10　滚动条

通过滚动条可在容许的范围内调整值或进程,例如调整铃声和音乐等,效果如图 3-235 所示。

图 3-235

　　外观和行为:滚动条由滑轨、滑块以及可选的图片组成,可选图片为用户传达左右两端各代表什么,
滑块的值会在用户拖曳滑块时连续变化。

　　指南:用户通过滚动条可以精准地控制值,或操控当前的进度。制作时,也可以在合适的情况下
考虑自定义外观。

- 水平或者竖直地放置。
- 自定义宽度以适应程序。
- 定义滑块的外观,以便用户迅速区分滑块是否可用。
- 通过在滑轨两端添加自定义的图片,让用户了解滑轨的用途。

- 左右两端的图片表示最大值和最小值。例如制作一个用来控制铃声声音大小的滚动条，可以在左侧放一个小的听筒，在右侧放一个大的听筒。
- 滑块在各个位置、控件的各种状态定制不同导轨的外观。

案例 13 制作滚动条
教学视频：视频 \ 第 3 章 \3-5-10.mp4　　源文件：源文件 \ 第 3 章 \3-5-10.psd

案例分析：
　　本案例主要向用户介绍 iOS 9 中滚动条的制作方法和步骤，其他元件将以 PNG 的形式导入到页面中，制作方法非常简单，都是由常用的几何图形组成，主要需要掌握的是对图层样式的应用。

色彩分析：
　　界面中滚动条以纯白色搭配黑色，简单、大方而整齐。

RGB(1、0、0)　　　　RGB (255、255、255)

01 执行"文件 > 打开"命令，打开素材图像"素材 \ 第 3 章 \351001.png"，如图 3-236 所示。使用相同的方法打开素材图像"素材 \ 第 3 章 \351002.png"，将其拖到画布顶端，如图 3-237 所示。

02 新建图层，填充画布颜色为黑色，修改图层"不透明度"为 50%，使用"矩形工具"创建图形，效果如图 3-238 和图 3-239 所示。

图 3-236　　　　　图 3-237　　　　　图 3-238　　　　　图 3-239

03 使用"矩形工具"创建如图 3-240 所示的图形。设置图层"填充"为 50%，修改图层"混合模式"为"颜色减淡"，单击"图层"面板底部的"添加图层样式"按钮，在弹出的"图层样式"对话框中选择"颜色叠加"选项，设置如图 3-241 所示的参数。

04 单击"确定"按钮，打开"字符"面板，设置各项参数值，如图 3-242 所示。使用"横排文字工具"在画布中输入文字，并将该图层置于底层，其效果如图 3-243 所示。

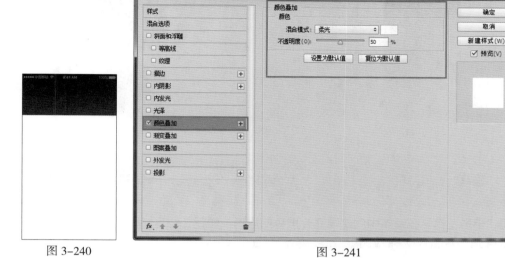

图 3-240   图 3-241

图 3-242   图 3-243

 提示　在此处需要注意的是，"置于底层"命令只能将图层置于背景图层之上。

05　使用"圆角矩形工具"在画布中创建填充颜色为 RGB(0、0、34) 的形状，如图 3-244 所示。
按下快捷键 Ctrl+T，将形状适当旋转，如图 3-245 所示。设置"路径操作"为"合并形状"，使用
相同的方法绘制完另一半，如图 3-246 所示。

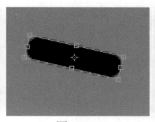

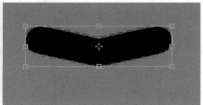

图 3-244   图 3-245   图 3-246

06　执行"视图 > 标尺"命令，在画布中拖出参考线，如图 3-247 所示。执行"文件 > 打开"命
令，打开素材图像"素材 \ 第 3 章 \351003.png"，将相应的图标拖入画布中，如图 3-248 所示。
使用相同的方法将其他素材拖入画布中，并将相应的图层进行编组，如图 3-249 所示。

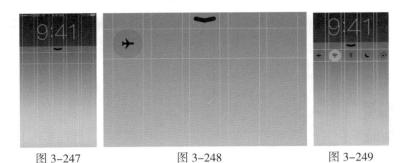

图 3-247　　　　　　　　图 3-248　　　　　　　　图 3-249

提示　iOS 9 快捷按钮的制作在第 1 章已详细讲解，此处将以 PNG 的方式进行导出。

07 使用"矩形工具"在画布中创建填充为黑色的矩形，如图 3-250 所示。修改图层"不透明度"为 30%，"填充"为 30%，修改图层"混合模式"为"颜色加深"，如图 3-251 所示。

图 3-250　　　　　　　　图 3-251

08 单击"图层"面板底部的"添加图层样式"按钮，在弹出的"图层样式"对话框中选择"颜色叠加"选项，设置如图 3-252 所示的参数，其效果如图 3-253 所示。

提示　当"工具模式"为"形状"时，绘制出的对象为矢量图，将形状无限放大都不会模糊，而"工具模式"设置为"像素"时，绘制的对象为位图图像，将其放大或缩小就会导致图像模糊不清楚。

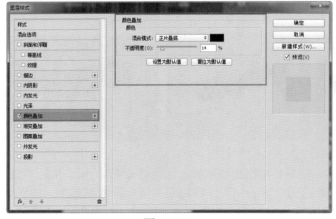 

图 3-252　　　　　　　　　　　　　　　　　　图 3-253

09 使用"椭圆工具"在画布中创建填充为黑色的正圆，如图 3-254 所示。修改图层"填充"为
55%，修改图层"混合模式"为"线性加深"，如图 3-255 所示。

10 单击工具箱中的"直线工具"按钮，设置"路径操作"为"合并形状"，在画布中绘制图形，
如图 3-256 所示。使用相同的方法完成相似内容的制作，如图 3-257 所示。

图 3-254　　　　　图 3-255　　　　　图 3-256　　　　　图 3-257

11 使用"圆角矩形工具"在画布中创建填充为白色的矩形，如图 3-258 所示。修改图层"填充"
为 40%，修改图层"混合模式"为"颜色减淡"，如图 3-259 所示。

图 3-258　　　　　　　　　　图 3-259

12 使用相同的方法绘制另一个圆角矩形，如图 3-260 所示。使用"椭圆工具"在画布中创建填
充为白色的正圆，如图 3-261 所示。

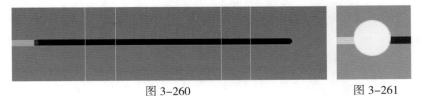

图 3-260　　　　　　　图 3-261

13 双击该图层缩览图，在弹出的"图层样式"对话框中选择"外发光"选项并设置参数值，如
图 3-262 所示。选择"投影"选项并设置参数值，如图 3-263 所示。

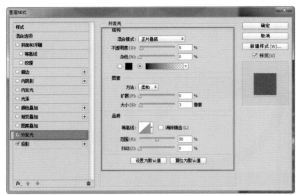
图 3-262

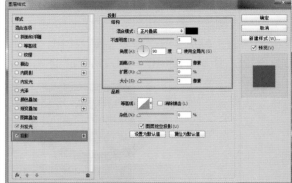
图 3-263

14 ▽ 设置完成后单击"确定"按钮，使用相同的方法完成相似内容的制作，并将相应的图层进行编组，"图层"面板如图 3-264 所示，效果如图 3-265 所示。

图 3-264

图 3-265

15 ▽ 使用相同的方法完成相似内容的制作，效果如图 3-266 所示。执行"文件 > 打开"命令，打开素材图像"素材 \ 第 3 章 \351008.png"，将相应的图标拖入画布中，最终效果如图 3-267 所示。

图 3-266

图 3-267

3.5.11　文本框

在 APP 中，经常会看到一些文本的显示。文字就是这些不会说话的设备的嘴巴。通过这些文字，可以很清楚地指定这些设备要表达的信息，而文本框就是提供文本的载体。

文本框是一种常见的单行读写文本视图，简单地说就是输入控件，例如一种登录界面要求用户输入用户名和密码等，如图 3-268 所示。

图 3-268

外观和行为：文本框有固定的高度。用户点击文本框后键盘就会出现，输入的字符会在用户按下 Enter 键后按照程序预设的方式处理。

指南：用户使用文本框能获得少量信息。用户在使用文本框前先要确定是否有别的控件可以让输入变得简单。

● 可以通过自定义文本框帮助用户理解如何使用文本框。例如，将定制的图片放在文本框某一侧上，或者添加系统提供的按钮（例如书签按钮）。可以将提示放在文本框左半部，把附加的功能放在右半部。

● 在文本框的右端放置清空按钮。

● 显示文本提示字段，用来帮助用户理解它的目的。

案例 14　**制作文本框界面**
教学视频：视频 \ 第 3 章 \3-5-11.mp4　　　源文件：源文件 \ 第 3 章 \3-5-11.psd

案例分析：
本案例主要向用户介绍登录界面的制作方法，在制作时要注意各个元素的绘制，以及对图层不透明度的设置。

色彩分析：
在界面中使用半透明和绿色的底色，搭配白色的文字，和背景图片更好地融为一体，使得界面更加和谐、清晰和明朗。

RGB(88、136、133)　　RGB(220、255、248)　　RGB(255、255、255)

01 执行"文件 > 打开"命令，打开素材图像"素材 \ 第 3 章 \351101.png"，如图 3-269 所示。
新建图层，将画布填充为白色，如图 3-270 所示。

图 3-269 　　　　　　　　　　图 3-270

02 单击"图层"面板底部的"添加图层样式"按钮，在弹出的"图层样式"对话框中选择"渐变叠加"
选项，设置如图 3-271 所示。设置图层"不透明度"为 50%，效果如图 3-272 所示。

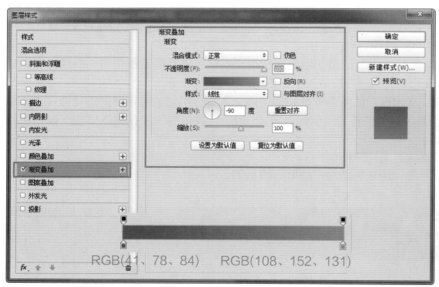 

图 3-271

图 3-272

03 执行"文件 > 打开"命令，打开素材图像"素材 \ 第 3 章 \351102.jpg"，将其拖到画布顶端，
如图 3-273 所示。使用"矩形工具"在画布中创建填充为白色的矩形，如图 3-274 所示。

04 设置图层"不透明度"为 40%，效果如图 3-275 所示。使用"钢笔工具"在画布中创建如图 3-276
所示的形状，并将其填充为白色。

05 单击"图层"面板底部的"添加图层样式"按钮，在弹出的"图层样式"对话框中选择"描边"
选项，设置如图 3-277 所示。使用"直线工具"在画布中创建粗细为 2 像素的直线，如图 3-278 所示。

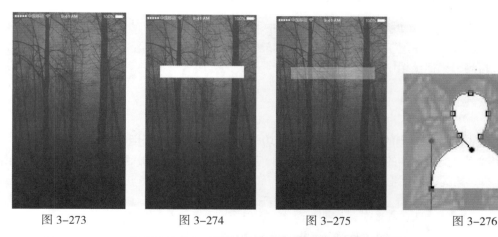

图 3-273　　　　　　图 3-274　　　　　　图 3-275　　　　　　图 3-276

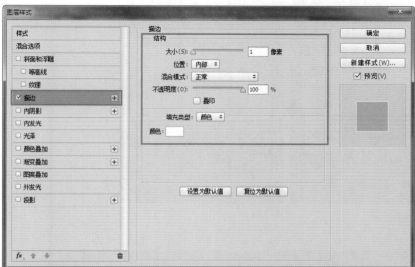

图 3-277

图 3-278

06 ✓　使用相同的方法完成相似图形的绘制，如图 3-279 所示。打开"字符"面板，设置各项参数值，如图 3-280 所示。

07 ✓　使用"横排文字工具"在画布中输入文字，其效果如图 3-281 所示。使用相同的方法，完成其他文字的创建，如图 3-282 所示。

图 3-279

图 3-280

图 3-281

图 3-282

提示　对图层编组，可以在选中所有图层后，按快捷键 Ctrl+G 或执行"图层 > 图层编组"命令，也可单击"图层"面板底部的"创建新组"按钮，然后选中所有要编为一组的图层，再将它们拖至组中。

3.5.12　对话框

对话框也是 iOS 9 中常用的一种控件，其主要功能是输出信息和接受用户的输入数据，控件是嵌入在对话框中或其他父窗口中的一个特殊的小窗口，它用于完成不同的输入和输出功能，也可用来提示用户做出选择，常见的对话框如图 3-283 所示。

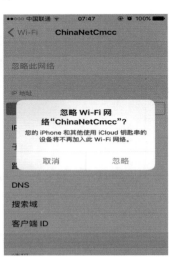

图 3-283

案例
15

制作对话框
教学视频：视频 \ 第 3 章 \3-5-12.mp4　　源文件：源文件 \ 第 3 章 \3-5-12.psd

案例分析：
　　本案例主要向用户介绍 iOS 9 中搜索框的制作方法和步骤，包括搜索框中各个元素以及文本的制作方法。

色彩分析：
　　在界面中使用半透明作为背景，搭配黑色和浅蓝色的文字，突出文字的选择效果。

RGB(21、126、251)　　　RGB(0、0、0)

01 ▾　执行"文件 > 新建"命令，新建一个空白文档，如图 3-284 所示。单击工具箱中的"圆角矩形工具"按钮，在画布中创建填充为 RGB(230、230、230)、半径为 30 像素的圆角矩形，如图 3-285 所示。

02 ▾　单击"图层"面板底部的"添加图层样式"按钮，在弹出的"图层样式"对话框中选择"颜色叠加"选项，设置如图 3-286 所示的参数。单击"确定"按钮，效果如图 3-287 所示。

图 3-284

图 3-285

图 3-286

图 3-287

03 使用"矩形工具",在画布中创建描边颜色为 RGB(128、128、128)、半径为 30 像素的圆角矩形,如图 3-288 所示。单击"图层"面板底部的"添加图层样式"按钮,在弹出的"图层样式"对话框中选择"颜色叠加"选项,设置如图 3-289 所示的参数。

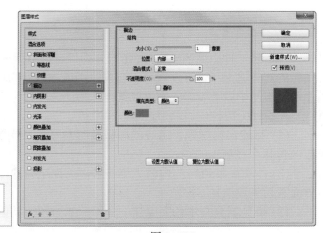

图 3-288

图 3-289

04 使用"圆角矩形工具",在画布中创建描边颜色为 RGB(69、111、238)、半径为 30 像素的圆角矩形,如图 3-290 所示。打开"字符"面板,设置各项参数值,如图 3-291 所示。

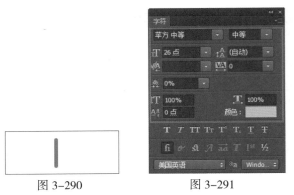

图 3-290　　　　　　　　　　　图 3-291

05 　使用"横排文字工具"在画布中输入文字，其效果如图 3-292 所示。使用相同的方法，完成其他文字的创建，如图 3-293 所示。

图 3-292　　　　　　　　　　　图 3-293

06 　单击工具箱中的"直线工具"按钮，在画布中创建描边颜色为 RGB(217、217、217)、粗细为 1 像素的直线，如图 3-294 所示。在"图层"面板中，修改图层"填充"为 12%，最终效果如图 3-295 所示。

图 3-294　　　　　　　　　　　图 3-295

3.5.13 分段控件

控件是一种小型的、自包含的 UI 组件，可以用在各种 UI Kit 类中。它们可以被附着在许多不同类型的对象之上，让开发者可以在窗口中添加额外的功能。分段控件中的每个按钮都被称为一个段。由两个或两个以上节段的宽度成正比，根据总段数可以显示文本或图像。

在设计分段控件时需要注意以下几点。

(1) 每段容易挖掘。每段的段数要限制一个适当的尺寸 (44×44 点)。在 iPhone 中，分段控制应该有 5 个或更少的段。

(2) 尽可能使每段的内容大小一致。因为所有的段，分段控制宽度相等，如果内容不一致，整体界面看起来效果并不好。

(3) 避免混合文本和图像在一个单一的分段控制里，分段控件可以包含文本或图像。一个单独的部分也可以包含文字或图像，但一般来说，最好避免把文本和图像分在一个单一的分段控件里。

(4) 如果要在一个定制的分段控制调整内容定位。那么必须保证自定义分段控制的背景外观，在内容居中时看起来还是不错的。

案例 16

制作分段控件

教学视频：视频 \ 第 3 章 \3-5-13.mp4　　源文件：源文件 \ 第 3 章 \3-5-13.psd

案例分析：

　　本案例主要向用户介绍 iOS 9 中分段控件的制作方法和步骤，是由矩形和圆角矩形组合而成，没有特殊样式，在制作过程中注意图像元素的绘制。

色彩分析：

　　整个页面以蓝色和白色搭配为主色，图标为选中状态时，图标呈现白色，增强了图标的可辨识度，简单大方而明亮。

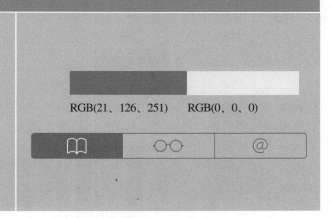

RGB(21、126、251)　　RGB(0、0、0)

01 ▼ 执行"文件 > 新建"命令，新建一个空白文档，如图 3-296 所示。使用"圆角矩形工具"，在画布中创建描边颜色丰富的为 RGB(21、126、251)、半径为 10 像素的圆角矩形，如图 3-297 所示。

02 ▼ 使用"直线工具"，在画布中创建描边颜色为 RGB(21、126、251) 的直线，如图 3-298 所示。使用"圆角矩形工具"，在画布中绘制矩形，如图 3-299 所示。

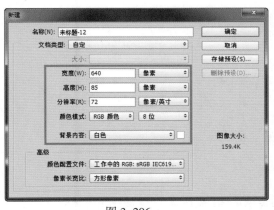

图 3-296

图 3-297

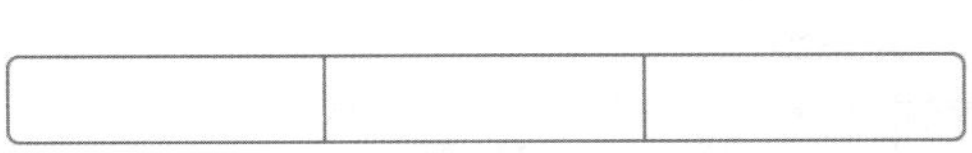

图 3-298

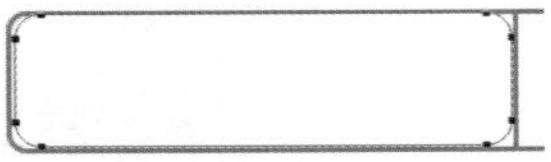

图 3-299

03 ▼ 使用"删除锚点工具"将多余的锚点删除，如图 3-300 所示。使用"转换点工具"将相应的锚点进行转换，最终效果如图 3-301 所示。

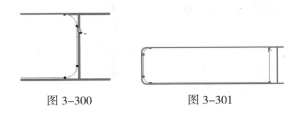

图 3-300　　　　　　图 3-301

04 设置图形填充为 RGB(21、126、251)、半径为 10 像素，并使用快捷键 Ctrl+T 调整图形，如图 3-302 所示。使用"圆角矩形工具"，在画布中创建描边颜色为 RGB(21、126、251)、半径为 10 像素的圆角矩形，如图 3-303 所示。

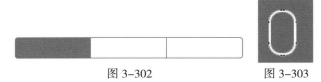

图 3-302　　　　　　　　图 3-303

05 使用"直接选择工具"将相应的锚点选中，拖动描点，如图 3-304 所示。选中该图层，单击右键，在弹出的快捷菜单中选择"复制图层"选项，调整图形的位置，如图 3-305 所示。

图 3-304　　　　　　　图 3-305

06 使用相同的方法绘制图形，其"图层"面板如图 3-306 所示，效果如图 3-307 所示。

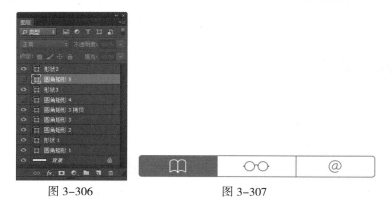

图 3-306　　　　　　　　图 3-307

3.5.14　按钮

在 iOS 9 中提供了很多的控件以及视图来丰富用户界面，而按钮又包括系统按钮以及开关按钮，系统按钮常用来响应用户的点击事件，如图 3-308 所示。而开关按钮则是控制某个程序的打开与关闭，如图 3-309 所示。

图 3-308　　　　　　　　图 3-309

开关控件：开关允许用户快速切换两种可用状态，分别为打开和关闭。这也就是 iOS 应用上的"复选框"，只不过以开关的形式表现。开关控件可以自定义打开和关闭状态的颜色，但开关切换按钮的样式和尺寸不能设置修改。

系统按钮：在设计系统按钮时，应当注意使用动词或动词短语来描述动作按钮执行，例如登录、注册等词语，避免创建一个标题太长的词语，由于过长的文本被截断，从而使用户难以理解。

案例 17　制作开关按钮

教学视频：视频 \ 第 3 章 \3-5-14.mp4　　　源文件：源文件 \ 第 3 章 \3-5-14.psd

案例分析：

本案例主要向用户介绍 iOS 9 中开关按钮的制作方法。按钮由正圆和圆角矩形组合而成，在制作过程中要注意其图形的排列以及图层样式的设置。

色彩分析：

当按钮为关闭状态时，按钮为白色；当按钮为打开状态时，按钮为绿色，两种按钮的制作方法相同。

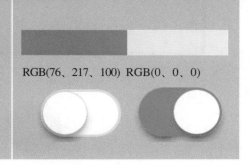

RGB(76、217、100) RGB(0、0、0)

01 执行"文件 > 新建"命令，新建一个空白文档，如图 3-310 所示。使用"圆角矩形工具"，在画布中创建"填充"为白色、"描边"为无、半径为 100 像素的圆角矩形，如图 3-311 所示。

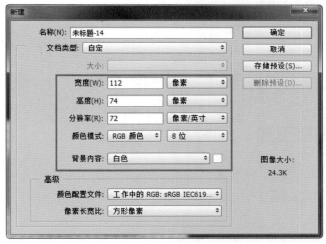

图 3-310　　　　　　　　　　　　　图 3-311

02 单击"图层"面板底部的"添加图层样式"按钮，在弹出的"图层样式"对话框中选择"颜色叠加"选项，设置如图 3-312 所示的参数。单击"确定"按钮，其效果如图 3-313 所示。

03 使用"椭圆工具"在画布中绘制一个正圆，如图 3-314 所示。在"图层"面板中设置"不透明度"为 8%，其效果如图 3-315 所示。

04 使用"椭圆工具"，在画布中绘制"填充"为无、"描边"为无的一个正圆，如图 3-316 所示。单击"图层"面板底部的"添加图层样式"按钮，在弹出的"图层样式"对话框中选择"渐变叠加"选项，设置如图 3-317 所示的参数。

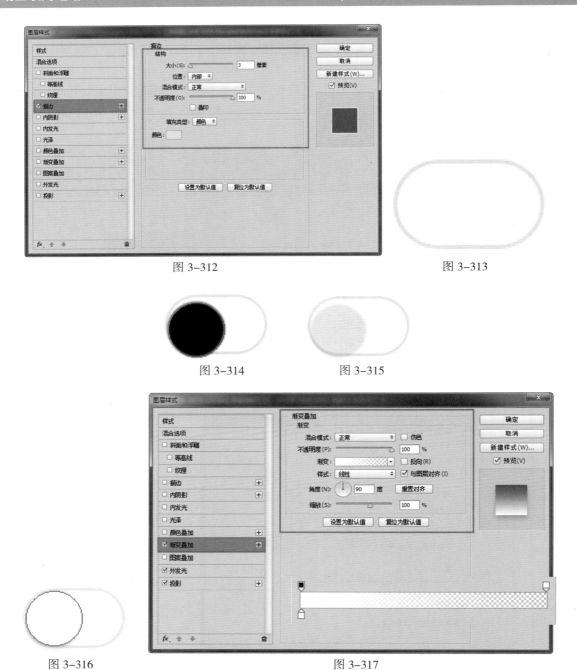

图 3-312　　　　　　　　　　　　　　　　　　　　图 3-313

图 3-314　　　　　　　　　　　图 3-315

图 3-316　　　　　　　　　　　　　　　　　　图 3-317

05 ❤　选择"外发光"选项，设置如图 3-318 所示的参数。选择"投影"选项，设置如图 3-319 所示的参数。

06 ❤　设置完成后单击"确定"按钮，其效果如图 3-320 所示。使用相同的方法完成相似图形的绘制，效果如图 3-321 所示。

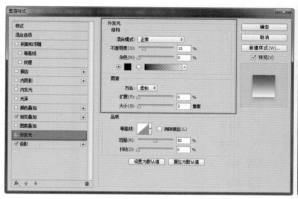

图 3-318

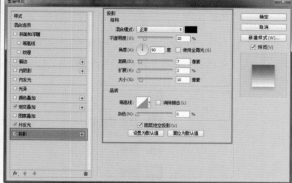

图 3-319

图 3-320

图 3-321

3.6 图标绘制

所有的程序都需要图标来为用户传达应用程序基础信息的重要使命。除此之外，每个应用都需要一个漂亮的图标。用户常常会在看到应用图标的时候便建立起对应用的第一印象，并以此评判应用的品质、作用以及可靠性。

建议在制作的程序为 iOS 的 Spotlight 搜索结果提供图标，必要时 Settings 里也可以有。另外，有些程序需要定制图标区代表特定的文档类型或者程序特定的功能，以及工具栏、导航栏、Tab 栏的特定模式。

3.6.1 图标设计的技巧

每一个应用程序都需要一个美丽的、令人难忘的在 APP Store 中和手机的主屏幕上突出的图标。但在设计图标时，可能会遇到自己做图标时没有灵感，或者做出来的图标不尽人意，下面通过讲解图标的设计技巧，能够帮助用户在设计图标时得到相应的帮助。

1. 易识别

在通常情况下，要尽量避免使用一个有 2 种含义的图形元素或者直观表面意义不明确的一面。例如，邮件程序图标使用一个信封，而不是农村的邮箱，一个邮包，或邮局的象征，如图 3-322 所示。

图 3-322

2. 保持简洁

保持简洁，尤其要避免添加过多的图形元素和细节。如果图标的内容或形状过于复杂，细节就会变得更加复杂，并且在更小的尺寸可能会出现模糊的现象。iOS 的自带应用程序图标都很简洁，就算设置中的小尺寸也依然清晰可见，如图 3-323 所示。

图 3-323

3. 抽象化

在创建应用程序时要本着抽象解释的思想来设计，由于照片的细节在很小的尺寸是看不到的，所以要避免使用照片或截图作为应用程序图标。在一般情况下，尽可能用艺术的方式来解释现实，如图 3-324 所示的图标。

图 3-324

4. 扁平化

如今图标的扁平化已引领时代的潮流，扁平化的意思是指去掉多余的透视、纹理、渐变等能做出 3D 效果的元素。让"信息"本身重新作为核心被突显出来，并且在设计元素上强调抽象、极简和符号化。扁平化不仅能够使界面美观、简洁，而且能够达到降低功耗、延长待机时间和提高运算速度等优点，如图 3-325 所示。

图 3-325

5. 专注于一个独特的形状

一个成功的应用图标都应该具有独一无二和让人眼前一亮等优点。有的图标会通过很多颜色或功能的梯度来设计，但这些图标的中央设计元素应以一个醒目的形状呈现出来，让人们一目了然，如图 3-326 所示。

图 3-326

6. 避免使用大量文字

在设计图标时，要尽量避免使用任何文本，要通过尝试使用只是一个符号或标识的应用程序图标，如图 3-327 所示。

图 3-327

7. 谨慎使用颜色

在通常情况下，尽可能使用 1 ～ 2 种主色调。虽然可以做出很多漂亮的颜色，但一般情况下是很难决定要如何进行搭配，如图 3-328 所示。

图 3-328

3.6.2　应用图标

用户通常会把程序图标放在桌面上，点击图标就可以启动相应的程序。程序图标是每一个程序中必不可少的一部分，其主要作用是为了使该程序更加具象及更容易理解，完美的图标可以提高产品的整体体验和品牌，同时也形成紧密结合、高度可辨、颇具吸引力的画作，可引起用户的关注和下载，激发起用户点击的欲望。

iOS 系统桌面图标与其他移动系统的图标存在非常大的区别，因为 iOS 图标有很好的整体性，良好的整体性可以减少用户体验上带来的冲突，所以我们需要保持其中的一些特点，以便程序可以更好融入系统中，带给用户更好的应用体验。

效果：在不同设备的 iOS 系统桌面中，程序图标的尺寸和默认自带的修饰效果会有不同，系统默认自带的修饰效果可以使图标更好保持 iOS 风格，如图 3-329 所示。

图 3-329

提示　针对不同的设备要创建与其相应的应用图标。但前提是该程序要适用于所有设备。不同的 iOS 设备所创建的尺寸也不同，在本章的 3.2 小节中已针对不同设备给给出相应的图标尺寸。用户可根据需要自行查看。

　　规格：为确保设计好的图标与 iOS 提供的加强效果相配，制作时图标应当使图标不使用高光效果，不使用透明图层和没有 90° 角。

案例 18 　**制作 APP Store 图标**
教学视频：视频 \ 第 3 章 \3-6-2.mp4 　　源文件：源文件 \ 第 3 章 \3-6-2.psd

案例分析：
　　这款图标为 iOS 9 中的 APP Store，它的底座有轻微的渐变色，白色的铅笔和毛笔对"钢笔工具"的操作技巧略有要求。
色彩分析：
　　以蓝色到深蓝色渐变作为背景，搭配白色的主体，白蓝渐变增添华丽而不失典雅的感觉。

RGB(20、93、244)　RGB(0、215、255)　RGB(255、255、255)

01 执行"文件 > 新建"命令，新建一个 1300 × 1300 像素的空白文档，如图 3-330 所示。单击工具箱中的"圆角矩形工具"按钮，填充背景色为 RGB(128、127、127)，如图 3-331 所示。

图 3-330

图 3-331

02 单击工具箱中的"圆角矩形工具"按钮，创建一个半径为 20 像素、填充颜色为 RGB(100、103、110) 的圆角矩形，如图 3-332 所示。双击图层缩览图，打开"图层样式"对话框，为其添加"渐变叠加"样式，设置参数如图 3-333 所示。

图 3-332

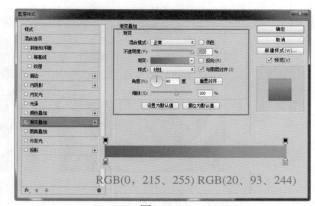
RGB(0，215、255) RGB(20、93、244)
图 3-333

03 ▼　设置完成后得到图标的效果，如图 3-334 所示。单击工具箱中的"椭圆工具"按钮，在图标中绘制填充色为白色的圆形，调整图形的位置，如图 3-335 所示。

图 3-334

图 3-335

提示　在制作过程中，可结合 Shift+Alt 键等比例缩放图形。

04 ▼　单击工具箱中的"椭圆工具"按钮，单击"选择路径"按钮，执行 "减去顶层形状"命令，在同一图层下绘制圆形，如图 3-336 所示。单击工具箱中的"矩形选框工具"按钮，在图标中绘制矩形，并将其填充为白色，调整图形的位置，如图 3-337 所示。

图 3-336

图 3-337

05 ▼　单击工具箱中的"钢笔工具"按钮，绘制图形，转换为选区，并填充为白色，如图 3-338 所示。使用相同的方法完成其他图形的绘制，如图 3-339 所示。

图 3-338　　　　　　　　　　图 3-339

06 单击工具箱中的"钢笔工具"按钮，绘制图形，如图 3-340 所示。并将其转换为选区，按 Delete 键将其删除，如图 3-341 所示。

图 3-340　　　　　　　　　　图 3-341

07 使用相同的方法完成其他图形的绘制，其"图层"面板如图 3-342 所示，其最终效果如图 3-343 所示。

图 3-342　　　　　　　　　　图 3-343

3.6.3　聚光灯和设置图标

每一个应用程序应该提供一个小图标，它可以在 Spotlight 搜索框中进行搜索。应用程序供应设置还应在内置的设置应用程序识别提供一个小图标。

这些图标应该清楚地标识应用程序，让人们可以在搜索列表中识别。例如，在内置的设置菜单中，虽然其中的应用图标很小，但却很容易辨认，如图 3-344 所示。

所有设备和聚光灯搜索结果提供单独的图标和设置。如果不提供这些图标，iOS 可能会缩小用户设计的应用程序图标在这些位置显示。

图 3-344

 提示 如果图标的背景是白色的，不要再增加它的可见性设置灰色覆盖。iOS 添加一个像素的边界形成让所有图标看起来好像设置了白色背景。

3.6.4 导航栏、工具栏和 Tab 栏中的图标

iOS 提供了一系列小的图标，用于代表各种常见任务与操作，它们常用在标签栏 (Tab Bar)、工具栏 (Toolbars) 与导航栏 (Navigation Bar) 中。用户通常都已经了解这些内置图标的含义了，因此可以尽可能多地使用它们。常用的标准按钮如图 3-345 所示。

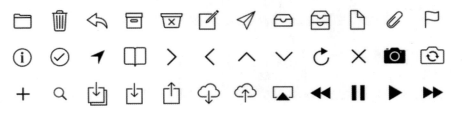

图 3-345

 提示 想要决定在工具栏和导航栏中到底是用图标还是文字，可以优先考虑屏中最多会同时出现多少个图标。同一屏幕中图标的数量过多可能会让整个应用看起来难以理解。使用图标还是文字还取决于屏幕方向是横向还是纵向，因为水平视图下通常会拥有更多的空间，可以承载更多的文字。

当用户要设计一个自定义图标时，应当注意以下几点。

在创建相同系统的图标时，一致性是关键。在设计过程中，尽可能使每一个图标使用相同的角度。为了确保所有的图标都一致，可能需要在不同的实际尺寸建立一些图标。例如，即使系统提供的图标都有相同的感知大小，但是收藏夹和语音邮件图标实际上要比其他三个图标大一点，如图 3-346 所示。

图 3-346

当用户要设计自定义标签栏图标时，应当有两个版本，一个未选中的外观和一个选中的外观。如表 3-3 所示。

表 3-3　自定义签标图标

未选中	选中	方法
		如果一个图标变得不可辨认，一个很好的选择是使用较重的笔画绘制所选版本
		创建一个填充的键盘图标也有内部的细节，但选择的版本将是混乱的，难以识别是否背景填满，圆圈变成了白色的轮廓
		一个设计需要轻微更好看时的选择。例如播客图标包括开放区域，选定的版本将笔画一点放进一个圆形外壳
		一个图标的形状细节要在整个轮廓外观下看起来不错，选中的版本可将图标进行修改和颜色填充。在这种情况下，它是音乐和艺术家的图标，可以使用填充的图标版本的外观

设计一个自定义小图标，遵循这些指导方针：使用透明度来定义图标的形状。iOS 忽略所有的颜色信息，因此不需要使用一个以上的填充颜色；不包括阴影；使用抗锯齿；避免使用和苹果产品重复的图片。苹果产品图片都是由产权保护，并且会经常变动。

案例 19

制作 Tab 栏中的小图标

教学视频：视频 \ 第 3 章 \3-6-4.mp4　　源文件：源文件 \ 第 3 章 \3-6-4.psd

案例分析：

本案例主要讲解 iOS 9 中 Tab 栏上不规则形状图标的制作，这些图标没有经过特效处理，制作的难点在于对绘图工具的熟练使用以及对图形锚点的调整。只有在制作过程中细心绘制，才能够制作出静止的图像效果。

色彩分析：

其图标由灰色和白色搭配而成，当选中图标时，其显示为蓝色，增强了图标的可辨识度。

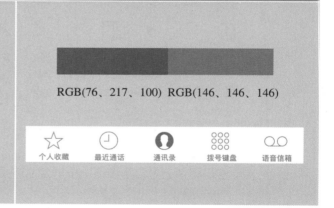

RGB(76、217、100) RGB(146、146、146)

01 执行"文件 > 新建"命令，新建一个 750×100 像素的空白文档，如图 3-347 所示。单击工具箱中的"多边形工具"按钮，设置图中所示的参数，创建如图 3-348 所示的图形。

02 单击工具箱中的"椭圆工具"按钮，按住 Shift 键在画布中创建"描边"为 RGB(146、146、146) 的正圆，如图 3-349 所示。单击工具箱中的"直线工具"按钮，按住 Shift 键在画布中创建填充为 RGB(146、146、146)、粗细为 2 像素的直线，如图 3-350 所示。

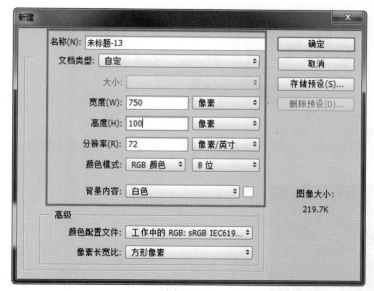

图 3-347

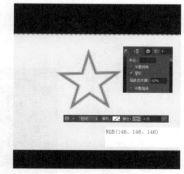

图 3-348

图 3-349

图 3-350

03 单击工具箱中的"椭圆工具"按钮，按住 Shift 键在画布中创建填充为 RGB(0、128、252) 的正圆，如图 3-351 所示。单击工具箱中的"钢笔工具"按钮，设置"工具模式"为"路径"，执行"减去顶层形状"命令，在画布中绘制路径，如图 3-352 所示。

图 3-351

图 3-352

04 单击工具箱中的"椭圆工具"按钮，创建"填充"为无、"描边"为 RGB(146、146、146) 的正圆，如图 3-353 所示。使用相同的方法，完成相似图形的绘制，如图 3-354 所示。

05 单击工具箱中的"椭圆工具"按钮，创建"描边"为 RGB(146、146、146) 的正圆，如图 3-355 所示。使用相同的方法，完成相似图形的绘制，单击工具箱中的"直线工具"，创建"描边" 为 RGB(146、146、146)、粗细为 2 像素的直线，如图 3-356 所示。

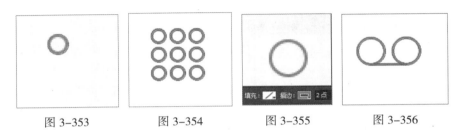

图 3-353 　　　　图 3-354 　　　　图 3-355 　　　　图 3-356

06 单击"字符"面板，设置各项参数，如图3-357所示。使用"横排文字工具"在画布中创建文字，如图3-358所示。

图 3-357 　　　　　　　　图 3-358

07 使用相同的方法完成其他文字的创建，其最终效果如图3-359所示。

个人收藏　　最近通话　　通讯录　　拨号键盘　　语音信箱

图 3-359

3.7 总结扩展

本章主要介绍了 iOS 系统原生态的手机界面，只有掌握界面元素的制作方法，才能够在基于 iOS 系统上设计出更多出色的第三方 APP 手机界面。

3.7.1 本章小结

本章主要向用户介绍了 iOS 界面设计相关的规则和知识、关于 iOS APP 图形制作的知识以及界面控件的制作方法。

通过对这些知识点的学习，用户就能对设计一款美观而又实用的手机程序规则和技巧有所了解，掌握在 iOS APP 界面如何使用每一种绘图工具绘制想要的形状。

通过本章的学习，相信用户对 iOS 中的控件的组成元素以及图标的绘制有了相关的认识。

3.7.2　课后练习——制作 Safari 浏览器界面

实战

制作 Safari 浏览器界面

教学视频：视频 \ 第 3 章 \3-7-2.mp4　　　源文件：源文件 \ 第 3 章 \3-7-2.psd

案例分析：

　　本案例主要讲解 iOS 9 中 Safari 界面的制作，难点在于对界面中不规则图形的绘制，以及对图层样式的设置。

色彩分析：

　　界面中搜索框是由灰色的背景搭配黑色的文字组成，而工具栏中的图标是以白色的背景搭配蓝色的图标组成，使得整个界面和谐而美观。

01 　新建文档，使用相应工具绘制小图标。

02 　将相应图片导入文档中，并排列整齐。

03 　使用相同的方法完成其他图形的绘制。

04 　将相应图层编组，完成界面的制作。

第 4 章　iOS APP 应用实战

在前面的章节中主要制作了一些 iOS 原生系统的控件和一些自带程序的界面，本章将要真正着手设计和制作几款商用的第三方 APP 界面。

众所周知，iOS 系统有着数量庞大的 APP 应用作为软件的支持。我们可以根据应用程序的功能将他们大致分为 3 类：工具类（例如备忘录、天气）社交类（例如微博、微信）以及电商类（例如淘宝、天猫）。

设计界面时，首先应该对界面的分辨率、尺寸，以及各个元素的尺寸有明确的认知，然后合理确定画面的主色和辅助色。制作时应该规划出各个功能区的大致框架，然后再逐渐刻画细部。这种从整体到局部的刻画方法可以保证整体效果的美观性。

本章知识点
- ✔ 制作电商界面
- ✔ 制作记事本界面
- ✔ 制作音乐播放器界面
- ✔ 制作个人主页界面
- ✔ 制作游戏界面

4.1　iOS APP 界面的布局规范

制作 APP 界面时，不同版本的手机都有不同的尺寸，针对繁杂的设备尺寸，合理地分配界面中的各个元素以及对界面中文字的适配都是非常重要的环节。

4.1.1　iOS APP 界面尺寸规范

在第 3 章中已针对苹果系列的产品进行详细的尺寸介绍，本章的案例都将针对 iPhone 6s 的尺寸进行制作，如图 4-1 所示。

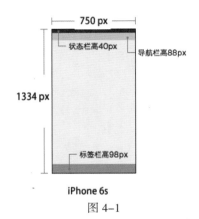

iPhone 6s

图 4-1

4.1.2　iOS 的文本规范

由于 iPhone 6 的出现，适配起来也变得复杂。下面首先看一下市面上不同界面尺寸的分辨率，如图 4-2 所示。

	iPhone 4	iPhone 5	iPhone 6	iPhone 6 Plus
点数pt	320×480pt	320×568pt	375×667pt	414×746pt
渲染像素	640×960px	640×1136px	750×1334px	1242×2208px
屏幕分辨率	640×960px	640×1136px	750×1334px	1920×1080px

图 4-2

通过分析不同分辨率的手机，得出以下结论。

- iPhone 4 和 iPhone 5 宽度一样，5 只是比 4 高 176 像素，所以 5 和 4 使用一套规范即可。
- iPhone 6 的放大模式分辨率是 640×1136px，和 iPhone 5 正好相同，iPhone 4、5、6 共用一套字体大小规范。
- iPhone 6 的标准模式分辨率为 750×1334px，整体放大 1.5 倍正好是 iPhone 6 Plus 的放大模式 1125×2001px。
- iPhone 4、5、6 共用一套字体大小规范。

下面是从左到右依次为 iPhone 6 以及 iPhone 6 Plus 的淘宝截图，如图 4-3 所示。

图 4-3

4.1.3　iOS 界面的配色技巧

色彩能够传递给人不同的视觉心理感受，这是众所周知的。例如看到红色就联想到火焰、太阳、鲜血，进而感受到热情、激动和暴躁。看到蓝色就联想到天空、海洋，进而感受到平和、镇静和舒适。

综上所述，我们知道色彩是具有沟通能力的，这种沟通源自于大部分人对同一种颜色大致相似的认知。以下是 iOS 界面配色需要注意的几点。

（1）大多数情况下，界面中的色彩不应该让用户分神，除非色彩本身就是应用的价值所在，否则它们只被用来在细节中提高交互体验。

（2）为界面定义一种基本色。iOS 的内置应用都有着各自的基本色，例如备忘录的黄色和天气的蓝色，这可以帮助用户快速区分不同的应用。

4.2　制作 APP 电商界面

现如今，电商的出现给人们的生活提供了非常大的便利，那么如何才能够使自身的电商界面吸引更多用户的眼球，就成为首要的问题。下面简单介绍制作电商 APP 界面的方法，其最终效果如图 4-4 所示。

图 4-4

本案例通过 4 个部分分别向用户进行详细的介绍。在制作案例的过程中，除了要注意界面中各个元素的大小合理使用，还要耐心地绘制界面中各个按钮的形状，以及要注意内容部分格局的合理分配。

在制作的电商界面中，整个界面以白色为主色，搭配灰色图标，使界面整体和谐而美观，给人们一种简单、干净而舒适的感觉。

案例 20 制作电商界面 1——状态栏

教学视频：视频 \ 第 4 章 \4-2-1.mp4　　　源文件：源文件 \ 第 4 章 \4-2.psd

案例分析：

本案例主要绘制状态栏，操作过程中使用椭圆以及各个工具的搭配使用来制作各个部分，其难点在于无线图标的制作，在制作时要注意认真细心地抠取不需要的部分。

色彩分析：

状态栏的图标主要由白色和黑色组成，非常简洁，可识别性很强。

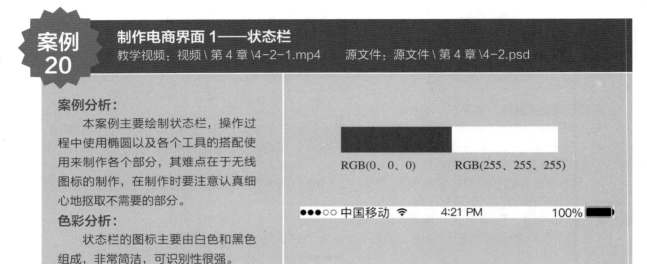

RGB(0、0、0)　　　　RGB(255、255、255)

●●●○○ 中国移动 📶　　4:21 PM　　　　100% ▮

01 ▾ 执行 "文件 > 新建" 命令，新建一个 750×1334 像素的空白文档，如图 4-5 所示。使用 "椭圆工具" 在画布左上角创建填充为黑色的正圆，如图 4-6 所示。

图 4-5　　　　　　　　　　　　　　　　图 4-6

02 ▾ 设置 "工具模式" 为合并形状，使用相同的方法，完成相似图形的绘制，如图 4-7 所示。使用 "椭圆工具" 在画布左上角创建 "描边" 为黑色、"填充" 为无的正圆，如图 4-8 所示。

图 4-7　　　　　　　　　　图 4-8

03 ✔ 打开"字符"面板，设置各项参数值，如图 4-9 所示。使用"横排文字工具"在画布中输入文字，效果如图 4-10 所示。

图 4-9

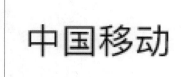

图 4-10

04 ✔ 单击工具箱中的"钢笔工具"按钮，绘制填充颜色为黑色的图形，如图 4-11 所示。选择"钢笔工具"，设置模式为"路径"，单击"路径操作"按钮，执行"减去顶层形状"命令，绘制图形，如图 4-12 所示。

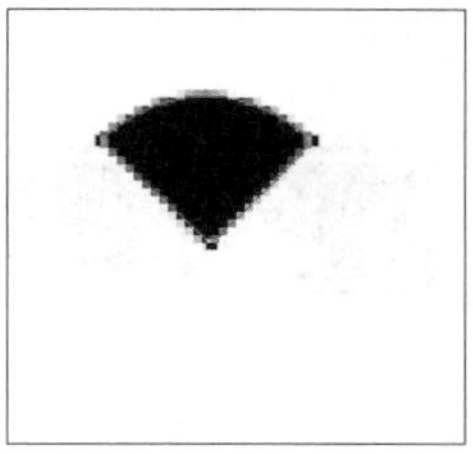

图 4-11

图 4-12

05 ✔ 使用相同的方法完成相似图形的制作，其效果如图 4-13 所示。打开"字符"面板，设置各项参数值，如图 4-14 所示。

图 4-13

图 4-14

06 ✔ 使用"横排文字工具"在画布中输入文字，效果如图 4-15 所示。

●●●○○中国移动 令　　　　　4:21 PM　　　　　100%

图 4-15

07 ✔ 单击工具箱中的"圆角矩形工具"按钮，绘制如图 4-16 所示的图形，单击"图层"面板底部的"添加图层样式"按钮，在弹出的"图层样式"对话框中选择"描边"选项，设置如图 4-17 所示的参数。

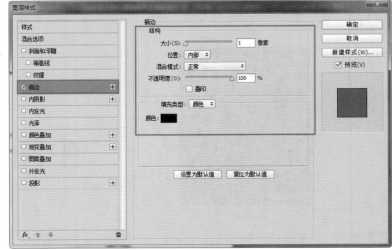

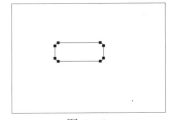

图 4-16   图 4-17

08 设置"填充"颜色为黑色，在图像中创建另一个形状，如图 4-18 所示。单击工具箱中的"椭圆工具"按钮，绘制如下图形，设置"填充"为黑色，如图 4-19 所示。

图 4-18   图 4-19

09 单击工具箱中的"矩形工具"按钮，设置"路径操作"为"减去顶层形状"，在图像中绘制，如图 4-20 所示。对所有的图层进行编组，重命名为"状态栏"，其最终效果如图 4-21 所示。

图 4-20   图 4-21

案例 21　**制作电商界面 2——导航栏**

教学视频：视频 \ 第 4 章 \4-2-2.mp4　　源文件：源文件 \ 第 4 章 \4-2.psd

案例分析：
　　本案例主要绘制导航栏，其制作过程并不难，在制作时需要注意图标以及细节线条的绘制。

色彩分析：
　　导航栏的图标主要由灰色组成，界面整体和谐，可识别性很强。

RGB(73、73、73)　　　　RGB(255、255、255)

01 ⌄　继续 "4-2-1" 案例的制作，使用 "矩形工具"，绘制填充颜色为白色的图形，并将该图层移至底层，如图 4-22 所示。单击 "图层" 面板底部的 "添加图层样式" 按钮，在弹出的 "图层样式" 对话框中选择 "投影" 选项，设置如图 4-23 所示的参数。

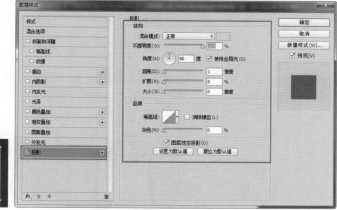

图 4-22　　　　　　　　　　　　　　　　　　　图 4-23

02 ⌄　单击工具箱中的 "直线工具" 按钮，绘制填充颜色为 RGB(73、73、73)、粗细为 6 像素的直线，如图 4-24 所示。使用相同的方法完成相似图形的绘制，如图 4-25 所示。

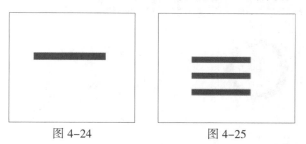

图 4-24　　　　　　　　图 4-25

03 ⌄　打开 "字符" 面板，设置各项参数值，如图 4-26 所示。使用 "横排文字工具" 在画布中输入文字，效果如图 4-27 所示。

图 4-26　　　　　　　　　　　图 4-27

04 ⌄　单击工具箱中的 "圆角矩形工具" 按钮，绘制填充颜色为无、"描边" 为 RGB(73、73、73)、半径为 1 像素的圆角矩形，如图 4-28 所示。执行 "编辑 > 变换路径 > 扭曲" 命令，调整相应的锚点，如图 4-29 所示。

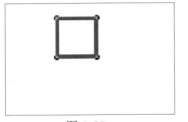

| 图 4-28 | 图 4-29 |

05 单击工具箱中的"钢笔工具"按钮，绘制填充颜色为 RGB(73、73、73) 的图形，如图 4-30 所示。使用相同的方法完成相似图形的绘制，如图 4-31 所示。

| 图 4-30 | 图 4-31 |

06 单击工具箱中的"椭圆工具"按钮，绘制"填充"为无、"描边"颜色为 RGB(73、73、73) 的图形，如图 4-32 所示。使用"直线工具"绘制粗细为 5 像素的直线，如图 4-33 所示。

| 图 4-32 | 图 4-33 |

07 完成标签栏的制作，将相应的图层进行编组，其"图层"面板如图 4-34 所示。最终效果如图 4-35 所示。

| 图 4-34 | 图 4-35 |

案例 22

制作电商界面 3——主体

教学视频：视频 \ 第 4 章 \4-2-3.mp4　　　源文件：源文件 \ 第 4 章 \4-2.psd

案例分析：

　　本案例主要绘制电商界面的主体部分，在制作过程中要注意整体的布局分配要合理，并注意界面中小部件的绘制。

色彩分析：

　　主体部分主要由灰色和白色作为底色，搭配黑色及浅蓝色的文字，使得整体界面简单、大方并且一目了然。

RGB(255、255、255)　RGB(136、199、233)　RGB(0、0、0)

01 继续 "4-2-2" 案例的制作，选择 "矩形工具"，绘制填充颜色为 RGB(242、242、242) 的矩形，如图 4-36 所示。执行 "文件 > 打开" 命令，打开素材图像 "素材 \ 第 4 章 \4201.png"，将相应的图片拖入画布中，选中相应的图层，单击鼠标右键，在弹出的快捷菜单中选择 "创建剪贴蒙版" 选项，并调整图像的位置，如图 4-37 所示。

图 4-36　　　　　　　　　图 4-37

02 单击工具箱中的 "椭圆工具" 按钮，在画布中绘制填充颜色为 RGB(73、73、73) 的正圆，如图 4-38 所示。使用相同的方法，在画布中绘制 "填充" 为无、"描边" 为 RGB(73、73、73) 的正圆，如图 4-39 所示。

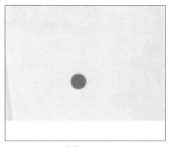

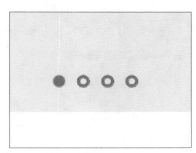

图 4-38　　　　　　　　　图 4-39

03 打开 "字符" 面板，设置各项参数值，如图 4-40 所示。并使用 "横排文字工具" 在画布中输入文字，效果如图 4-41 所示。

图 4-40　　　　　　　　　　　图 4-41

04 ✔ 使用相同的方法完成其他文字的制作，如图 4-42 所示。打开"字符"面板，设置各项参数值，如图 4-43 所示。

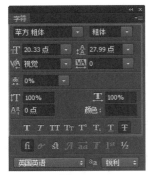

图 4-42　　　　　　　　　　　图 4-43

05 ✔ 使用"横排文字工具"在画布中输入文字，效果如图 4-44 所示。使用相同的方法完成相似图形的制作，如图 4-45 所示。

图 4-44　　　　　　　　　　　图 4-45

06 ✔ 单击工具箱中的"椭圆工具"按钮，在画布中绘制填充颜色为白色的正圆，如图 4-46 所示。单击"图层"面板底部的"添加图层样式"按钮，在弹出的"图层样式"对话框中选择"投影"选项，设置如图 4-47 所示的参数。

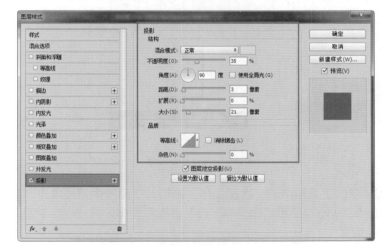

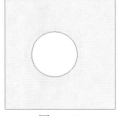

图 4-46   图 4-47

07 单击工具箱中的"钢笔工具"按钮，绘制填充颜色为黑色的图形，如图 4-48 所示。设置完成后，将相应的图层进行编组，最终效果如图 4-49 所示。

图 4-48   图 4-49

案例 23

制作电商界面 4——标签栏

教学视频：视频 \ 第 4 章 \4-2-4.mp4   源文件：源文件 \ 第 4 章 \4-2.psd

案例分析：

　　本案例主要绘制电商界面的标签栏，它的背景为白色，本案例的难点是按钮部分的制作，需要用户对形状工具熟练使用以及细心制作。

色彩分析：

　　标签栏的背景使用白色，按钮采用灰色，搭配灰色的文字，整体搭配和谐，简单大方。

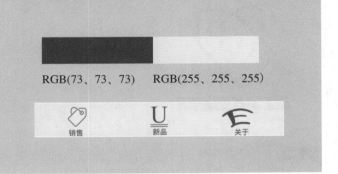

RGB(73、73、73)   RGB(255、255、255)

01 继续"4-2-3"案例的制作，使用"圆角矩形工具"，绘制"描边"颜色为 RGB(73、73、73) 的圆角矩形，如图 4-50 所示。使用快捷键 Ctrl+T 调整图形，并使用"直接选择工具"调整相应的锚点，如图 4-51 所示。

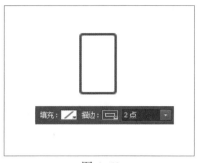

图 4-50　　　　　　　　　　　图 4-51

02 ❤　单击工具箱中的"椭圆工具"按钮，在画布中绘制填充颜色为 RGB(73、73、73) 的正圆，如图 4-52 所示。使用"橡皮擦工具"将相应的部分进行擦除，如图 4-53 所示。

图 4-52　　　　　　　　　　　图 4-53

03 ❤　单击工具箱中的"钢笔工具"按钮，在画布中绘制形状，如图 4-54 所示。选中相应的图层，单击鼠标右键，在弹出的快捷菜单中选择"合并图层"选项。单击"图层"面板底部的"添加图层样式"按钮，在弹出的"图层样式"对话框中选择"颜色叠加"选项，设置如图 4-55 所示的参数。

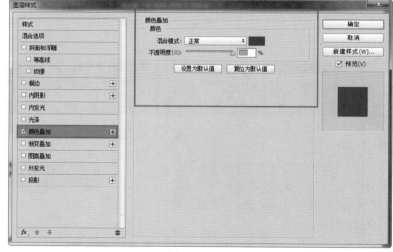

图 4-54　　　　　　　　　　　　　　　图 4-55

04 ❤　单击工具箱中的"钢笔工具"按钮，在画布中绘制形状，如图 4-56 所示。单击工具箱中的"直线工具"按钮，在画布中绘制填充颜色为 RGB(73、73、73)、粗细为 2 像素的直线，使用相同的方法为图形添加图层样式，如图 4-57 所示。

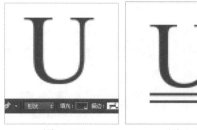

图 4-56 　　　　　　　图 4-57

05 　打开"字符"面板，设置各项参数值，如图 4-58 所示。并使用"横排文字工具"在画布中输入文字，效果如图 4-59 所示。

 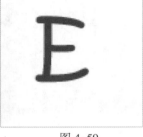

图 4-58 　　　　　　　图 4-59

06 　单击工具栏中的"创建文字变形"按钮，在"变形文字"对话框中设置如图 4-60 所示，其文字效果如图 4-61 所示。

图 4-60 　　　　　　　图 4-61

07 　打开"字符"面板，设置各项参数值，如图 4-62 所示。并使用"横排文字工具"在画布中输入文字，效果如图 4-63 所示。

图 4-62 　　　　　　　图 4-63

08 　使用相同的方法，完成其他文字的制作，如图 4-64 所示，最终效果如图 4-65 所示。

销售

新品

关于

图 4-64

图 4-65

4.3 制作 APP 记事本界面

通过记事本能够提醒用户日常生活中容易忘却而又必要的一些事情，那么接下来简单介绍如何制作记事本的 APP 界面，使用户了解其界面元素的制作与排列。

案例 24 制作记事本界面
教学视频：视频 \ 第 4 章 \4-3.mp4　　源文件：源文件 \ 第 4 章 \4-3.psd

案例分析：

本案例主要向用户介绍记事本的界面布局，案例中的文本元素比较多，要注意各个文本元素字号大小的使用，在制作过程中要注意对齐图层以及每个元素之间的距离，可使用参考线规范每一行元素的距离。

色彩分析：

本案例采用的是模糊的图片作为背景以及半透明的底色搭配白色的文字，使得界面显得更加神秘、清楚和明了，给人以清新活泼的感觉。

01 执行"文件 > 打开"命令，打开素材图像"素材 \ 第 4 章 \4301.png"，如图 4-66 所示。执行"滤镜 > 模糊 > 高斯模糊"命令，在弹出的"高斯模糊"对话框中设置如图 4-67 所示的参数。

提示　"高斯模糊"是滤镜选项中的一类，它不同于"表面模糊"和"动感模糊"，"高斯模糊"就是一种扩散性质的拉伸模糊，可把图像上的每一个点都拉伸开，形成一种扩散，由于像素大小的显示（也就是图像大小不变的限制），因此每一个点（也就是像素的颜色）还是模糊不清。

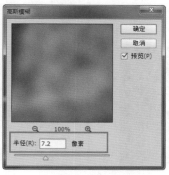

图 4-66　　　　　　　　　　　　图 4-67

02 　单击工具箱中的"矩形工具"按钮，创建一个填充颜色为黑色的矩形，如图 4-68 所示。并修改图层"不透明度"为 30%，效果如图 4-69 所示。

图 4-68　　　　　　　　　　　　图 4-69

03 　执行"文件 > 打开"命令，打开素材图像"素材 \ 第 4 章 \ 4302.png"，将相应的图像拖入到画布中，并置于顶层，效果如图 4-70 所示。打开"字符"面板，设置各项参数值，如图 4-71 所示。

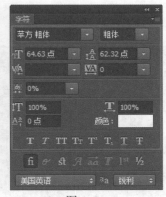

图 4-70　　　　　　　　　　　　图 4-71

04 　在画布中输入相应文字，如图 4-72 所示。单击"图层"面板底部的"添加图层样式"按钮，在弹出的"图层样式"对话框中选择"投影"选项，设置如图 4-73 所示。

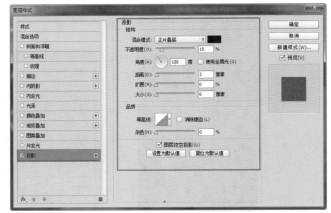

图 4-72   图 4-73

05 单击工具箱中的"圆角矩形工具"按钮，创建一个填充颜色为 RGB(39、38、41) 的圆角矩形。如图 4-74 所示。单击"图层"面板底部的"添加图层样式"按钮，在弹出的"图层样式"对话框中选择"描边"选项，设置如图 4-75 所示。

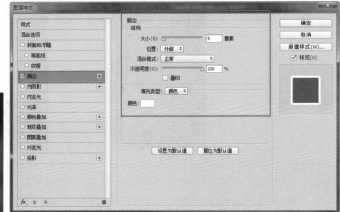

图 4-74   图 4-75

06 在"图层"面板中设置"填充"为 0，其效果如图 4-76 所示。打开"字符"面板，设置各项参数值，如图 4-77 所示。

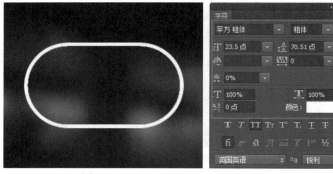

图 4-76   图 4-77

07 在画布中输入相应文字，如图 4-78 所示。使用相同的方法完成相似图形的制作，如图 4-79 所示。

图 4-78　　　　　　　　　　　　　图 4-79

08 执行"视图 > 标尺"命令，在画布中拖出参考线，如图 4-80 所示。打开"字符"面板，设置各项参数值，如图 4-81 所示。

 在创建参考线时，应先执行"视图 > 标尺"命令，选择"移动工具"，将鼠标指针放置在标尺上，当其变为白色时，单击鼠标左键并拖动鼠标时即可创建出参考线，要锁定参考线时，可按下快捷键 Ctrl+Alt+L。

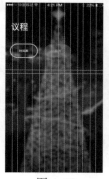

图 4-80　　　　　　　　　　　图 4-81

09 在画布中输入相应文字，如图 4-82 所示。使用相同的方法完成其他文字的制作，如图 4-83 所示。

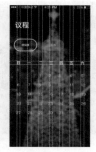

图 4-82　　　　　　　　　图 4-83

 在制作完成后，可执行"视图 > 清除参考线"命令，将参考线清空，这样有利于下面的制作不被影响。

10 单击工具箱中的"椭圆工具"按钮，设置填充颜色为白色，在画布中绘制如图 4-84 所示的图形。在"图层"面板中设置"不透明度"为 20%，其效果如图 4-85 所示。

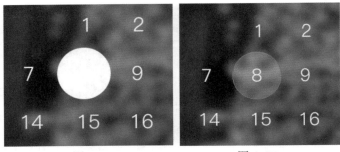

图 4-84   图 4-85

11 ☑ 单击工具箱中的"直线工具"按钮，设置"填充"颜色为白色，粗细为 2 像素，在画布中绘制如图 4-86 所示的形状。在"图层"面板中设置"不透明度"为 50%，使用相同的方法完成相似图形的绘制，其效果如图 4-87 所示。

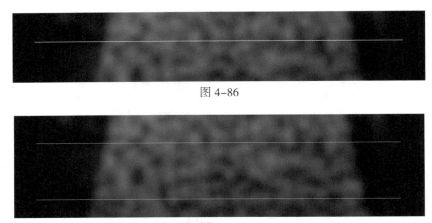

图 4-86

图 4-87

12 ☑ 单击工具箱中的"矩形工具"按钮，设置"描边"颜色为白色，在画布中绘制如图 4-88 所示的矩形。使用"文字工具"在画布中创建符号，选中相应的图层，单击鼠标右键，在弹出的快捷菜单中选择"合并图层"选项，效果如图 4-89 所示。

图 4-88   图 4-89

13 ☑ 使用相同的方法完成其他图形的绘制，如图 4-90 所示。打开"字符"面板，设置各项参数值，如图 4-91 所示。

图 4-90　　　　　　　　　图 4-91

14 在画布中输入相应文字，如图 4-92 所示，最终效果如图 4-93 所示。

图 4-92　　　　　　　　　　图 4-93

4.4　制作 APP 音乐播放器界面

音乐播放器是每个手机中必不可少的 APP 之一，其应用广泛，但是播放器界面大同小异。接下来就简单介绍如何在保证基本功能的前提下，设计出别具一格的 APP 音乐播放器界面。

案例 25

制作音乐播放器界面

教学视频：视频 \ 第 4 章 \4-4.mp4　　　源文件：源文件 \ 第 4 章 \4-4.psd

案例分析：

本案例主要向用户介绍音乐播放器界面，iOS 的界面风格以简约为主，采用扁平化的设计风格，在制作本案例时要耐心地控制图层样式以及页面中各个元素按钮的绘制，以得到美观而又标准的形状。

色彩分析：

本案例以半透明的图片作为背景界面，显得神秘而具有艺术感，搭配白色的按钮及文字，整个页面效果协调而统一。

01 执行"文件 > 新建"命令，新建一个 750×1334 像素的空白文档，如图 4-94 所示。新建图层，使用"油漆桶工具"为画布填充黑色，效果如图 4-95 所示。

图 4-94　　　　　　　　　　　　　　　　图 4-95

02 执行"文件＞打开"命令，打开素材图像"素材\第 4 章\4401.png"，将相应的图片拖入画布中，如图 4-96 所示。并在"图层"面板中设置"不透明度"为 80％，其效果如图 4-97 所示。

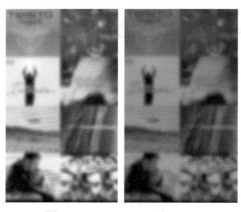

图 4-96　　　　　图 4-97

03 使用相同的方法，将素材图像"素材\第 4 章\4402.png"拖入画布中，并置于顶层，如图 4-98 所示。打开"字符"面板，设置各项参数值，如图 4-99 所示。

 用户可以直接将素材图像从文件夹中拖入文档窗口，拖入的素材会以智能对象的形式插入到新图层中。

图 4-98　　　　　　　图 4-99

04 在画布中输入相应文字，如图 4-100 所示。使用相同的方法将素材"素材 \ 第 4 章 \4403. png"拖入到画布中，如图 4-101 所示。

图 4-100　　　　　　　　　图 4-101

05 单击"图层"面板底部的"添加图层样式"按钮，在弹出的"图层样式"对话框中选择"外发光"选项，设置如图 4-102 所示。选择"矩形工具"，在画布中创建填充为白色的矩形，如图 4-103 所示。

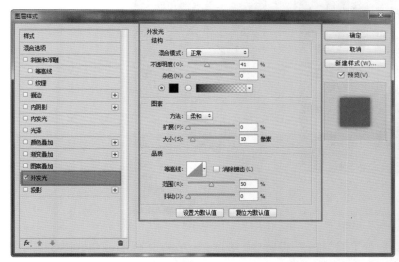 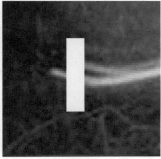

图 4-102　　　　　　　　　　　　　图 4-103

06 使用快捷键 Ctrl+T，将图形旋转 45°，如图 4-104 所示。使用相同的方法完成相似图形的绘制，并将相应的图层进行合并，如图 4-105 所示。

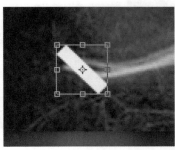 

图 4-104　　　　　　　　　图 4-105

07 打开"字符"面板，设置各项参数值，如图 4-106 所示。并使用"横排文字工具"在画布中输入文字，效果如图 4-107 所示。

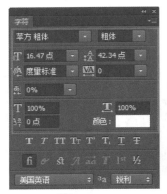

图 4-106　　　　　　　　　　　　　图 4-107

08 ✔　单击工具箱中的"矩形工具"按钮，在画布中绘制填充为白色的矩形，如图 4-108 所示。设置图层"填充"为 20%，其效果如图 4-109 所示。

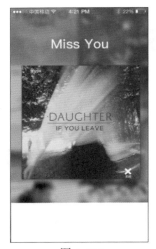

图 4-108　　　　　　　　　　　　　图 4-109

09 ✔　单击工具箱中的"自定义形状工具"按钮，设置"填充"为白色，在工具面板中选择如图 4-110 所示的形状。并在"图层"面板中设置"不透明度"为 30%，其效果如图 4-111 所示。

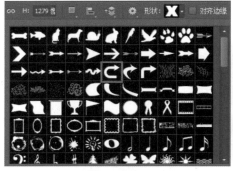

图 4-110　　　　　　　　　　　　　图 4-111

10 ✔　单击工具箱中的"多边形工具"按钮，设置"填充"为白色，设置"边"为 3，在画布中绘制三角形，如图 4-112 所示。使用相同的方法，完成相似图形的绘制，效果如图 4-113 所示。

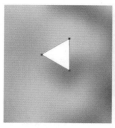

图 4-112

图 4-113

11 ⌄　打开"字符"面板，设置各项参数值，如图 4-114 所示。并使用"横排文字工具"在画布中输入文字，其效果如图 4-115 所示。

图 4-114

图 4-115

12 ⌄　将文本图层复制得到"0:31 拷贝"图层，并执行"滤镜＞模糊＞高斯模糊"命令，在"高斯模糊"对话框中设置如图 4-116 所示的参数，其效果如图 4-117 所示。

图 4-116

图 4-117

13 ⌄　单击工具箱中的"直线工具"按钮，设置"填充"为白色、粗细为 5 像素，在画布中绘制直线，如图 4-118 所示。并在"图层"面板中设置"不透明度"为 20%，其效果如图 4-119 所示。

图 4-118　　　　　　　　　　　　　图 4-119

14 ⌄　使用相同的方法完成相似图形的绘制，如图 4-120 所示。单击工具箱中的"椭圆工具"按钮，在画布中绘制"填充"为黑色的椭圆，如图 4-121 所示。

图 4-120　　　　　　　　　　　　图 4-121

15 ▼　在"图层"面板中设置"不透明度"为 8%，其效果如图 4-122 所示。使用相同的方法完成相似图形的制作，如图 4-123 所示。

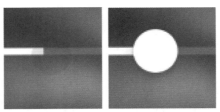

图 4-122　　　　　　图 4-123

16 ▼　单击"图层"面板底部的"添加图层样式"按钮，在弹出的"图层样式"对话框中选择"外发光"选项，设置如图 4-124 所示。选择"投影"选项并设置参数值，如图 4-125 所示。

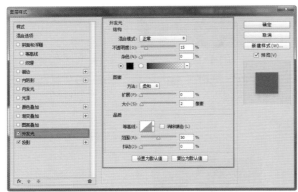

图 4-124　　　　　　　　　　　　　图 4-125

17 ▼　使用相同的方法完成其他文字的制作，其"图层"面板如图 4-126 所示，最终效果如图 4-127 所示。

图 4-126　　　　　　图 4-127

4.5　制作个人主页界面

个人主页是向别人展示自身信息的第一渠道，一个优秀的页面才能够吸引更多人的关注。接下来就向用户展示如何设计美观而规范的个人主页界面。

案例 26

制作个人主页界面设计

教学视频：视频 \ 第 4 章 \4-5.mp4　　源文件：源文件 \ 第 4 章 \4-5.psd

案例分析：

本案例主要介绍个人主页的界面设计规范，在制作过程中要注意界面中各个元素的绘制，以及对版式的排列布局，以达到界面整体美观的效果。

色彩分析：

本案例以模糊的图片衬于背景处，包含白色的按钮及文字，搭配清爽的蓝色，界面充满活力。

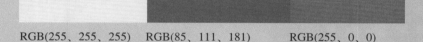

RGB(255、255、255)　　RGB(85、111、181)　　RGB(255、0、0)

01 ☑　执行"文件 > 新建"命令，新建一个 750×1334 像素的空白文档，如图 4-128 所示。单击工具箱中的"矩形工具"按钮，在画布中绘制填充为 RGB(85、111、181) 的矩形，如图 4-129 所示。

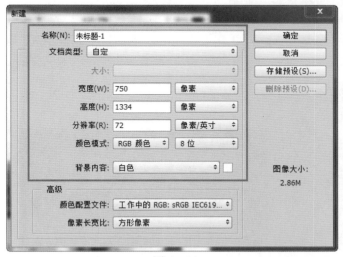

图 4-128

图 4-129

02 ☑　单击"图层"面板底部的"添加图层样式"按钮，在弹出的"图层样式"对话框中选择"投影"选项，设置如图 4-130 所示。执行"文件 > 打开"命令，打开素材图像"素材 \ 第 4 章 \4501. png"，将相应的图片拖入画布中，如图 4-131 所示。

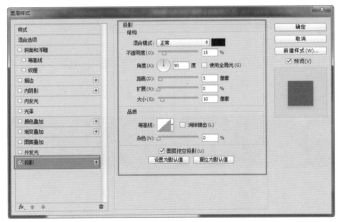

图 4-130   图 4-131

03 单击工具箱中的"自定义形状工具"按钮，设置填充为白色，并在工具面板中选择如图 4-132 所示的形状。在画布中绘制图形，效果如图 4-133 所示。

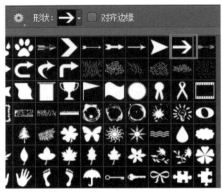

图 4-132   图 4-133

04 打开"字符"面板，设置各项参数值，如图 4-134 所示。并使用"横排文字工具"在画布中输入文字，效果如图 4-135 所示。

图 4-134   图 4-135

05 使用相同的方法完成相似图形的制作，如图 4-136 所示。单击工具箱中的"圆角矩形工具"按钮，设置"填充"为红色，在画布中绘制红色的圆角矩形，如图 4-137 所示。

06 单击工具箱中的"矩形工具"按钮，设置"填充"为 RGB(205、206、212)，在画布中绘制矩形，并将该图层移至底层，如图 4-138 所示。执行"滤镜＞渲染＞云彩"命令，其效果如图 4-139 所示。

图 4-136　　　　　　　　　　图 4-137

图 4-138　　　　　　　　　　图 4-139

07 ✅ 执行"文件 > 打开"命令，打开素材图像"素材\第4章\4502.png"，将相应的图片拖入画布中，如图 4-140 所示。打开"字符"面板，设置各项参数值，如图 4-141 所示。

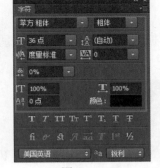

图 4-140　　　　　　　　　　图 4-141

08 ✅ 使用"横排文字工具"在画布中输入文字，效果如图 4-142 所示。使用相同的方法完成其他文字的制作，如图 4-143 所示。

提示　在制作其他文字时，可先在画布中输入一行文字并选中该图层，按下快捷键 Ctrl+J，复制该图层，然后按住 Shift 键并向下拖动到适当的位置，或者按下快捷键 Shift+ ↓，快速将其向下移动，再用"横排文字工具"单击文字，以修改文字。

图 4-142

图 4-143

09 单击工具箱中的"自定义形状工具"按钮，设置"填充"为白色，并在工具面板中选择心形形状。在画布中绘制图形，效果如图 4-144 所示。并使用"横排文字工具"在画布中输入文字，如图 4-145 所示。

图 4-144

图 4-145

10 使用相同的方法完成相似图形的制作，如图 4-146 所示。执行"文件 > 打开"命令，打开素材图像"素材 \ 第 4 章 \4503.png"，将相应的图片拖入画布中，如图 4-147 所示。

图 4-146

图 4-147

11 打开"字符"面板，设置各项参数值，如图 4-148 所示。并使用"横排文字工具"在画布中输入文字，效果如图 4-149 所示。

图 4-148

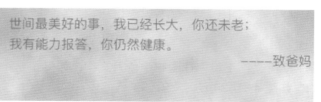
图 4-149

12 使用相同的方法完成其他文字的制作，并将相应的图层进行编组，其"图层"面板如图 4-150
所示，最终效果如图 4-151 所示。

图 4-150　　　　　　　　　　　图 4-151

4.6　制作游戏界面

如今手游已占领手机 APP 的重要领地。一款游戏是否吸引人，其界面设计是非常重要的，只有
足够优秀的界面才能够提高更多用户对产品的下载量和点击率。

案例 27

制作游戏界面

教学视频：视频 \ 第 4 章 \4-6.mp4　　　源文件：源文件 \ 第 4 章 \4-6.psd

案例分析：

本案例主要向用户介绍游戏界面的设计，界面中的按钮通过添加投
影、渐变叠加和内阴影的样式，得到立体的按钮效果，其制作步骤较长，
在制作过程中要注意界面中各个元素的绘制和图形样式的设置。

色彩分析：

本游戏界面以黄色为主色，给人以轻快明朗的感觉，以绿色为辅色，
搭配白色的文字，更加符合游戏界面的设计理念。

RGB(165、226、77)　　RGB(254、169、52)　　　RGB(239、73、73)

01 新建文档，打开素材图像"素材 \ 第 4 章 \4601.png"，如图 4-152 所示。使用相同的方法
打开素材图像"素材 \ 第 4 章 \4602.png"，将相应的图片拖入画布中，如图 4-153 所示。

图 4-152 　　　　　　　　　　图 4-153

02 　单击工具箱中的"椭圆工具"按钮，设置"填充"为 RGB(38、38、38)，在画布中绘制椭圆，并将该图层移至底层，如图 4-154 所示。执行"滤镜 > 模糊 > 方框模糊"命令，在弹出的"方框模糊"对话框中设置参数，如图 4-155 所示。

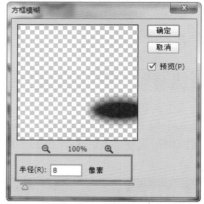

图 4-154 　　　　　　　　　　图 4-155

03 　单击"确定"按钮，使用相同的方法，将相应的图像导入到画布中，如图 4-156 所示。单击工具箱中的"圆角矩形工具"按钮，设置"填充"为 RGB(254、185、36)、半径为 10 像素，在画布中绘制圆角矩形，如图 4-157 所示。

图 4-156 　　　　　　　　　　图 4-157

04 单击"图层"面板底部的"添加图层样式"按钮，在弹出的"图层样式"对话框中选择"内阴影"选项，设置如图 4-158 所示的参数。选择"渐变叠加"选项，设置如图 4-159 所示的参数。

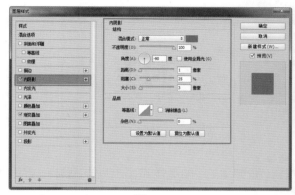

图 4-158

图 4-159

如果删除图层中的一个图层样式，而非全部的图层样式，将指定样式的字样直接拖动到"图层"面板底部的"删除"按钮上即可。

05 使用相同的方法完成相似图形的绘制，如图 4-160 所示。打开"字符"面板，设置各项参数值，如图 4-161 所示。

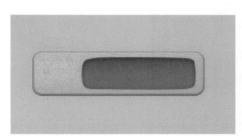

图 4-160

图 4-161

06 使用"横排文字工具"在画布中输入文字，如图 4-162 所示。单击"图层"面板底部的"添加图层样式"按钮，在弹出的"图层样式"对话框中选择"投影"选项，设置如图 4-163 所示的参数。

图 4-162

图 4-163

07 单击工具箱中的"多边形工具"按钮，设置如图 4-164 所示的参数。在画布中绘制白色星形，如图 4-165 所示。

图 4-164

图 4-165

08 单击"图层"面板底部的"添加图层样式"按钮，在弹出的"图层样式"对话框中选择"投影"选项，设置如图 4-166 所示的参数。使用相同的方法，绘制一个"填充"为 RGB(255、232、46) 的星形，如图 4-167 所示。

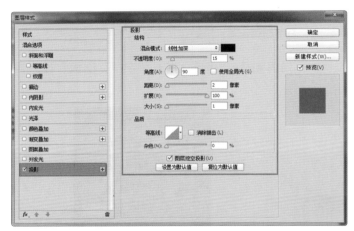

图 4-166

图 4-167

09 单击"图层"面板底部的"添加图层样式"按钮，在弹出的"图层样式"对话框中选择"内阴影"选项，设置如图 4-168 所示的参数。选择"内发光"选项，设置如图 4-169 所示的参数。

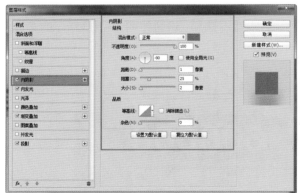

图 4-168

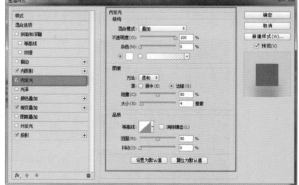

图 4-169

10 选择"渐变叠加"选项，设置如图 4-170 所示的参数。选择"投影"选项，设置如图 4-171 所示的参数。

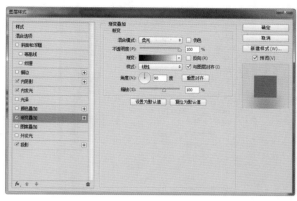
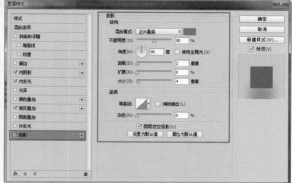

图 4-170　　　　　　　　　　　　　图 4-171

11 ∨　使用相同的方法完成相似图形的制作，如图 4-172 所示。并将相应的图层进行编组。打开素材图像"第 4 章 \ 素材 \4605.png"，将相应的图片拖入画布中，并创建相应的文字，如图 4-173 所示。

图 4-172　　　　　　　　　　　　　图 4-173

12 ∨　新建图层，使用"油漆桶工具"为画布填充黑色，并修改图层"不透明度"为 21%，效果如图 4-174 所示。单击工具箱中的"矩形工具"按钮，在画布中绘制填充为 RGB(214、167、112)、半径为 100 像素的圆角矩形，如图 4-175 所示。

图 4-174　　　　　　　　　　　　　图 4-175

13 ∨　单击工具箱中的"转换点工具"按钮，选中相应的锚点，调整图形形状，如图 4-176 所示。单击"图层"面板底部的"添加图层样式"按钮，在弹出的"图层样式"对话框中选择"内阴影"选项，设置如图 4-177 所示的参数。

图 4-176

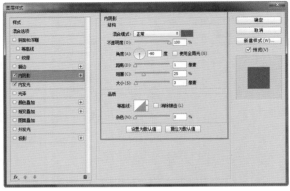

图 4-177

14 选择"内发光"选项，设置如图 4-178 所示的参数。使用相同的方法完成相似图形的制作，如图 4-179 所示。

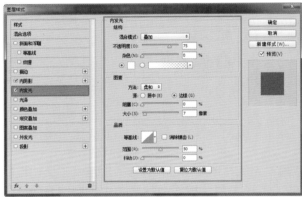

图 4-178

图 4-179

 提示　也可按快捷键 Ctrl+J 复制该图形，按住 Shift+Alt 键将图形等比例缩小，得到其图形效果。

15 单击工具箱中的"椭圆工具"按钮，在画布中绘制填充为白色的椭圆，如图 4-180 所示。单击"图层"面板底部的"添加图层样式"按钮，在弹出的"图层样式"对话框中选择"投影"选项，设置如图 4-181 所示的参数。

图 4-180

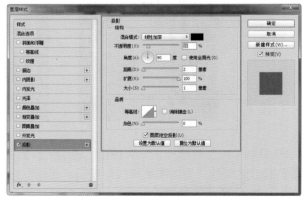

图 4-181

16 设置完成后，按下快捷键 Ctrl+J 复制该图层，清除图层样式，如图 4-182 所示。并将其等比例缩小，如图 4-183 所示。

图 4-182　　　　　　　　　　　　图 4-183

17 单击"图层"面板底部的"添加图层样式"按钮，在弹出的"图层样式"对话框中选择"内阴影"选项，设置如图 4-184 所示的参数。选择"渐变叠加"选项，设置如图 4-185 所示的参数。

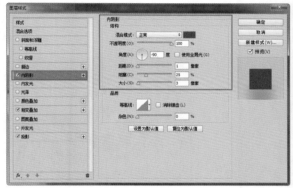

图 4-184

图 4-185

18 选择"投影"选项，设置如图 4-186 所示的参数。选择"钢笔工具"，填充 RGB(141、35、22) 并绘制如图 4-187 所示的形状。并在"图层"面板中设置"不透明度"为 20%。

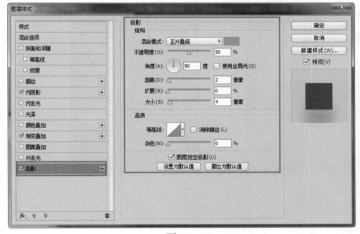

图 4-186

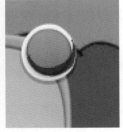

图 4-187

19 使用相同的方法完成相似图形的绘制，如图 4-188 所示。使用"自定义形状工具"绘制填充为白色的形状，如图 4-189 所示。

图 4-188   图 4-189

20 单击"图层"面板底部的"添加图层样式"按钮，在弹出的"图层样式"对话框中选择"投影"选项，设置如图 4-190 所示的参数，其效果如图 4-191 所示。选中相应的图层，按下快捷键 Ctrl+G，将图层编组。

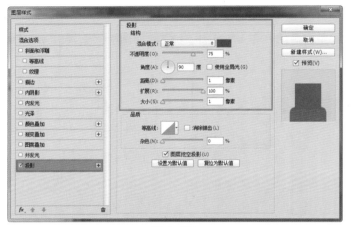

图 4-190   图 4-191

21 打开素材图像"素材 \ 第 4 章 \4606.png"，将相应的图片拖入画布中，如图 4-192 所示。打开"字符"面板，设置各项参数值，如图 4-193 所示。

图 4-192   图 4-193

22 使用"横排文字工具"在画布中输入文字，如图 4-194 所示。单击"图层"面板底部的"添加图层样式"按钮，在弹出的"图层样式"对话框中选择"描边"选项，设置如图 4-195 所示的参数。

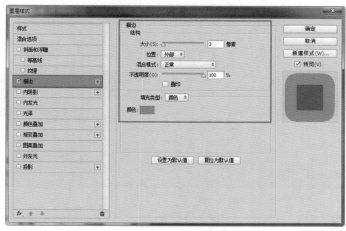

图 4-194　　　　　　　　　　　　　　　　　　图 4-195

23 单击"确定"按钮，文本效果如图 4-196 所示。打开素材图像"素材\第 4 章\4607.png"，将相应的图片拖入画布中，如图 4-197 所示。

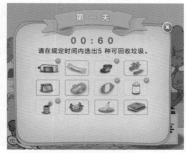

图 4-196　　　　　　　　　　　　　图 4-197

24 单击工具箱中的"圆角矩形工具"按钮，在画布中绘制填充为 RGB(254、169、52)、半径为 20 像素的圆角矩形，如图 4-198 所示。单击"图层"面板底部的"添加图层样式"按钮，在弹出的"图层样式"对话框中选择"内阴影"选项，设置如图 4-199 所示的参数。

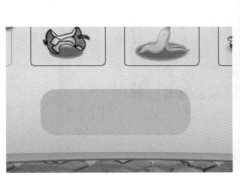

图 4-198　　　　　　　　　　　　　图 4-199

25 选择"颜色叠加"选项，设置如图 4-200 所示的参数。选择"渐变叠加"选项，设置如图 4-201 所示的参数。

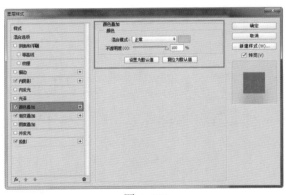

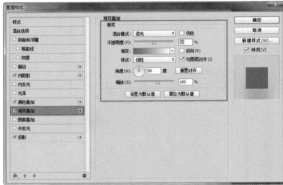

图 4-200   图 4-201

26 选择"投影"选项，设置如图 4-202 所示的参数。使用相同的方法完成相似图形的绘制，如图 4-203 所示。

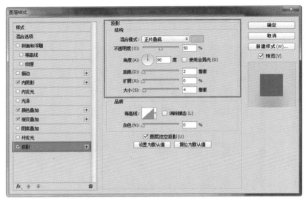

图 4-202   图 4-203

27 使用文字工具添加相应的文字，如图 4-204 所示，最终效果如图 4-205 所示。

图 4-204   图 4-205

4.7   总结扩展

通过本章的学习要懂得举一反三地设计 APP 界面，在以后的设计过程中要多加练习和制作，通过下面的本章小结和课后练习希望能够给用户提供一定的帮助。

4.7.1　本章小结

　　本章主要向用户介绍了基于 iOS 系统第三方的 APP 软件界面，通过对不同界面的绘制方法介绍，了解界面的尺寸以及设计风格，只有掌握不同界面元素的绘制以及其排列的方式，才能够设计出别具一格的 APP 界面。

4.7.2　课后练习——制作登录界面

实战

制作登录界面
教学视频：视频 \ 第 4 章 \4-7-2.mp4　　源文件：源文件 \ 第 4 章 \4-7-2.psd

案例分析：
　　该界面为基于 iOS 第三方 APP 的登录界面，以简洁和可辨识度高为基础，加以精妙构思制作而成，主要帮助用户介绍登录界面的制作方法。

色彩分析：
　　这款界面以图片半透明状态为背景，搭配黑色的文字呈现给用户，界面中规中矩的同时搭配了粉色的悬浮按钮，整个界面给人以清新明朗的感觉。

01 新建文档，将相应图片导入画布中。

02 使用文字工具在画布中创建相应的文字。

03 使用椭圆工具完成按钮的绘制，并设置相应的图层样式。

04 为相应图层编组，完成界面的制作。

第5章 Android 设计元素

本章知识点

- ✓ 两个 Android 版本之间的对比
- ✓ Android UI 概论
- ✓ Android 设计元素基础
- ✓ Android 基本图形绘制

随着 Android 平台的发展，系统界面逐渐形成了一套统一的规则。在最新发布的 Android 6.0 中，无论是交互层面还是视觉层面，既保证界面的易用性同时又不缺乏创新。现在几乎所有的系统平台都倾向于打造独特的交互和视觉模式，从而吸引自身的用户群体。

5.1　Android 5.0 与 Android 6.0 界面对比

2015 年 5 月 28 日，Google I/O 大会上正式推出 Android 6.0。最新 Android 6.0(Android M) 的界面在 UI 以及交互方式上并没有什么变动，包括图标等，主界面看起来与 Android 5.0 没有什么区别，而次级界面与系统应用则是比较彻底地执行了 Material Design 的设计规范，并在底层方面做了相应的优化。此外，应用程序也有细微的变化。

提示　了解 Android 6.0 的特性过后，可以发现此次更新更多偏向的是对 Android 细节处的打磨和完善，并加入一些前沿科技，例如移动支付和系统级别的指纹识别。

下面为用户详细介绍这两大版本界面上的细微差距 (左图为 Android 5.0，右图为 Android 6.0)，以方便用户进行界面设计。

锁屏界面：位于屏幕左下角的快速启动功能由之前的"拨号"功能变成了现在的"语音"功能。锁屏画面中的时间字体以加强形式显示，而日期也全部采用大写字母，如图 5-1 所示。

二级菜单界面：二级菜单的界面改动相当之大，采用了 Windows Phone 系统的菜单展示方式，由之前的左右滑动设计改为上下滑动。同时，在所有程序之上，它还会显示出 4 个用户最近打开的应用程序，以方便在这些程序中进行切换。而右上方放大镜还可以快速搜索用户需要使用的应用程序，如图 5-2 所示。

图 5-1

图 5-2

这种类似于通讯簿的格式省去了手动输入应用名称的步骤，而且当对应字母下应用数量较少时，系统还会进行开头字母分类合并。

通知中心：通知中心界面中加入了勿扰模式的切换，同时将勿扰模式进行了细腻的处理，细分了"完全静音"、"仅限闹钟"和"仅限优先打扰" 3 个不同的场景，如图 5-3 所示。

Android 6.0 默认调节通知音量，展开下拉菜单后可调节媒体音量与闹钟音量。

小部件中心：和二级菜单界面一致，小部件中心也换成了垂直单一的显示界面，如图 5-4 所示。

图 5-3

图 5-4

Google now：在 Google now 做搜索动作时，搜索框下将会同步二级菜单界面 4 个用户最近打开的应用程序，如图 5-5 所示。

计算器：计算器功能界面一定程度上扩大了，如图 5-6 所示。

新增联系人：新增联系人界面将联系人信息选项进行了折叠，除"姓名"、"电话"和"电子邮件"外的选项，其他更多的详细信息都整合到了"更多字段"内，有填写需要时才点击展开，如图 5-7 所示。

设置界面：设置菜单增添了 Google 选项，可以在 Google 选项内方便管理用户的账号和关联的服务，如图 5-8 所示。

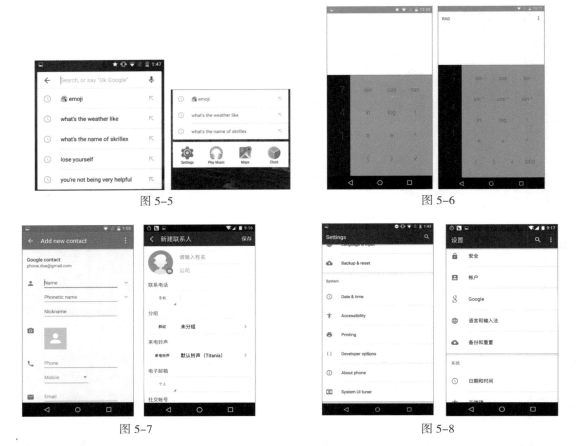

图 5-5　　　　　　　　　　　　　　　　　　　　图 5-6

图 5-7　　　　　　　　　　　　　　　　　　　　图 5-8

SystemUI tuner：在开发者选项开启"显示 SystemUI 调整程序"后，设置菜单下即出现 SystemUI tuner 选项，进入该界面，可以方便管理"通知中心"的快捷开关，如图 5-9 所示。

权限管理：Android 6.0 将权限管理改造了一番，现在可以通过该界面随心所欲地控制哪些应用程序是否可以访问哪些内容，例如通讯录、短信或相机等。不需要 ROOT，Android 6.0 将更多的应用权限交由使用者管理，如图 5-10 所示。

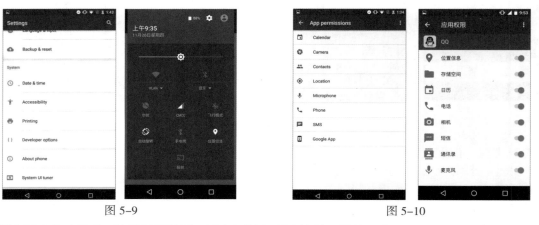

图 5-9　　　　　　　　　　　　　　　　　　　　图 5-10

还有更多的小细节，这里不再赘述，用户可以直观地从以下图片观察 Android 5.0 到 Android 6.0 的细节优化，如图 5-11 所示。

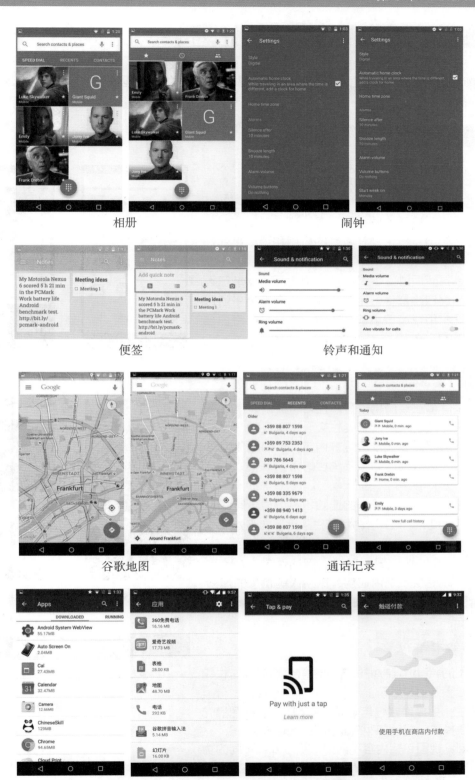

相册　　　　　　　　　　　闹钟

便签　　　　　　　　　铃声和通知

谷歌地图　　　　　　　　　通话记录

应用管理　　　　　　　　Android Pay

图 5-11

5.2　Android UI 概论

Android 的系统 UI 为构建用户的应用提供了基础的框架，主要包括主屏幕的体验、全局设备导航和通知抽屉。

5.2.1　主屏幕和二级菜单

主屏幕是一个可以自定义的放置应用图标、目录和窗口小部件的地方，通过左右滑动切换不同的主屏幕面板。收藏栏在屏幕的底部，无论怎么切换面板，它都会一直显示对用户最重要的图标和目录。通过单击收藏栏中间的"所有应用"按钮打开所有的应用和窗口小部件展示界面，如图 5-12 所示。

二级菜单界面通过上下滑动可以浏览所有安装在设备上的应用和窗口小部件。用户可以在所有应用中通过拖动图标，把应用或窗口小部件放置在主屏幕的空白区域，如图 5-13 所示。

图 5-12　　　　　　　　　图 5-13

5.2.2　系统栏

系统栏是屏幕上专门用于显示通知、设备通信状态和设备导航的区域。典型的系统栏会一直和应用一起显示出来。如果应用需要显示沉浸式内容，例如播放电影和浏览图片时，可以临时隐藏系统栏进入全屏模式，减少视觉干扰。

状态栏左边显示等待操作的通知，右边显示时间、电量以及信号强度等。向下滑动状态栏采用了变暗处理，如图 5-14 所示。

Android 6.0 的搜索界面通过桌面插件进入，比较简单，同样可以提供系统内应用、联系人等信息的搜索内容，搜索引擎默认为谷歌，如图 5-15 所示。

图 5-14　　　　　　　　　图 5-15

5.2.3　操作栏

一个典型的 Android APP 界面通常会包含操作栏和内容区域，如图 5-16 所示。

主操作栏：主操作栏包含导航 APP 层级、视图的元素以及最重要操作，是 APP 的命令和控制中心。

视图控制：视图包括内容不同的组织方式或不同的功能，用于切换 APP 提供的不同视图。

内容区域：用于显示内容的区域。

次操作栏：次操作栏提供了一种方式，就是把操作从主操作栏分配并放置到次操作栏，可以在主操作栏的下方或屏幕的底部。

图 5-16

5.3 Android UI 设计原则

这些设计准则由 Android User Experience 团队提出，遵守这些准则可以保证用户的体验始终铭记于心。应当考虑将这些准则应用在自己的创意和设计思想中。除非有别的目的，否则尽量不要偏离。

5.3.1 漂亮的界面

无论 UI 界面设计如何发展，美观始终是吸引用户的首要条件，在 Android APP 设计中，可以通过以下几点来实现。

惊喜：漂亮的界面，精心设计的动画或悦耳的音效都能带来愉快的体验。精工细作有助于提高易用性和增强掌控强大功能的感觉，如图 5-17 所示。

真实的对象比菜单和按钮更有趣：让人们直接触摸和操控应用中的对象，这样可以降低完成任务时的认知难度，并且使得操作更加人性化，如图 5-18 所示。

展现个性：人们喜欢个性化，因为这样可以使他们感到自由。提供一个合理而漂亮的默认样式，同时在不喧宾夺主的前提下尽可能提供有趣的个性化功能，如图 5-19 所示。

图 5-17　　　　　　图 5-18　　　　　　图 5-19

案例 28

制作简洁的 Android 解锁界面

教学视频：视频 \ 第 5 章 \5-3-1.mp4　　　源文件：源文件 \ 第 5 章 \5-3-1.psd

案例分析：

这是一款简洁的 Android 解锁界面，它以简洁实用为基础，将扁平化运用到解锁界面中。此款界面设计难度不大，需要用户有足够的细心和耐心。

色彩分析：

这款界面以绿色作为主色，辅色用到了黄色，通过渐变的方式填充背景，搭载白色的字体，简洁明了却不失典雅。

RGB(22、110、95)　　RGB(147、151、64)

01 执行"文件 > 打开"命令，打开素材图像"素材 \ 第 5 章 \51001.png"，如图 5-20 所示。使用相同的方法打开素材图像"素材 \ 第 5 章 \51002.png"，如图 5-21 所示。

图 5-20   图 5-21

02 单击工具箱中的"横排文字工具"按钮，设置如图 5-22 所示的参数，在画布中输入如图 5-23 所示的时间。

图 5-22   图 5-23

03 采用相同的方法完成相似内容的制作，如图 5-24 所示。将相关图层编组，重命名为"时间"，"图层"面板如图 5-25 所示。

图 5-24   图 5-25

04 单击工具箱中的"椭圆工具"按钮，按下 Shift 键的同时在画布中拖动鼠标创建白色的圆形，如图 5-26 所示。选中该图层，设置"不透明度"为 36%，如图 5-27 所示。

图 5-26   图 5-27

05 采用相同的方法完成相似内容的制作，如图 5-28 所示。将相关图层编组，重命名为"中心圆"，"图层"面板如图 5-29 所示。

图 5-28　　　　　　　　　　　　　　　　　图 5-29

在 Photoshop 中，绘制同心圆时可以按住 Alt+Shift 键进行绘制，也可以复制原图形进行等比例缩放来实现。

06 ☑ 单击工具箱中的"椭圆工具"按钮，按下 Shift 键的同时在画布中拖动鼠标创建白色的圆形，如图 5-30 所示。采用相同的方法完成其他椭圆形的制作，如图 5-31 所示。

图 5-30　　　　　　　　　　　　　　　　　图 5-31

制作该步骤时，找不准圆形的位置可以利用参考线来实现，按快捷键 Ctrl+R 显示标尺，并拖出参考线，确定位置。

07 ☑ 将相应图层编组，重命名为"解锁线"，如图 5-32 所示。打开素材图像"素材 \ 第 5 章 \51003. png"并拖曳到画布中，如图 5-33 所示。

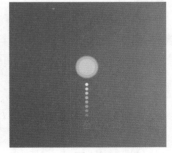

图 5-32　　　　　　　　　　　　　　　　　图 5-33

08 ☑ 制作完成后，最终效果如图 5-34 所示，相应的"图层"面板如图 5-35 所示。

图 5-34

图 5-35

5.3.2　更简单便捷的操作

现在手机发展速度迅猛，手机功能数不胜数，便捷的操作就显得越来越重要，为了使用户更快地适应手机操作，需要通过以下几点来简化界面。

了解用户：逐渐认识人们的偏好，而不是询问并让他们一遍又一遍地做出相同的选择，将之前的选择放在明显的地方。

保持简洁：使用简洁的短句。人们总是会忽略冗长的句子，如图 5-36 所示。

展示用户所需要：人们同时看到许多选择时就会手足无措。分解任务和信息，使它们更容易理解。将当前不重要的选项隐藏起来，并让人们慢慢学习，如图 5-37 所示。

用户了解现在在哪：让人们有信心了解现在的位置。使应用中的每个页面看起来都有些不同，同时使用一些切换动画体现页面之间的关系。进行耗时的任务时提供必要的反馈，如图 5-38 所示。

图 5-36

图 5-37

图 5-38

一图胜千言：尽量使用图片去解释想法。图片可以吸引人们注意并且更容易理解。

实时帮助用户：首先尝试猜测并做出决定，而不是询问用户。太多的选择和决定使人们感到不爽。但是万一猜错了，允许"撤销"操作。

不弄丢用户信息：确保用户创造的内容被很好地保存起来，并可以随时随地获取。记住设置和个性化信息，并在手机、平板和电脑间同步，确保应用升级不会带来任何不良的副作用。

只在重要时刻打断用户：就像一个好的个人助理，帮助人们摆脱不重要的事情。人们需要专心致志，只在遇到紧急或者具有时效性的事情时打断他们。

5.3.3　更加完善的工作流程

工作流程简单、操作便捷可以使用户花费在学习使用新软件的时间变短，同时获取用户所需的信息时间也越短，主要有以下几种方法。

提醒用户小技巧：当人们自己搞明白事情的时候，会感觉很好。通过使用其他 Android 应用已有的视觉模式和通用的方法，让应用容易学习，如图 5-39 所示。

委婉提示错误：当提示人们做出改正时，要保持耐心，如图 5-40 所示。人们在使用应用时希望觉得自己很聪明。如果哪里错了，提示清晰的恢复方法，但不要让他们去处理技术上的细节。如果能够悄悄地搞定问题，那最好不过了。

帮助用户完成复杂的事：帮助新手完成"不可能的任务"，让用户有专家的感觉。例如，通过几个步骤就能将几种照片特效结合起来，使得摄影新手也能创作出出色的照片。

图 5-39

图 5-40

简捷操作：不是所有的操作都一样重要。先决定好应用中最重要的功能是什么，并且使它容易使用、反应迅速。例如，相机的快门和音乐播放器的暂停按钮。

5.4　Android 设计概述

Android 的"所有应用界面"存放着全部安装到该设备上的 APP，构成手机界面主要由以下几种元素。

5.4.1　设备和显示

Android 的尺寸众多，建议使用分辨率为 720x1280 像素的尺寸设计。这个尺寸显示完美，在 1080x1920 像素中看起来也比较清晰，切图后的图片文件大小也适中，应用的内存消耗也不会过高。分辨率为 720x1280 像素的界面尺寸状态栏高度为 50 像素，导航栏高度为 96 像素，标签栏高度为 96 像素，功能键为 96 像素，内容区域高度为 1038 像素 (1280-50-96-96=1038)。

Android 驱动了数百万计的手机、平板和其他设备，囊括了各种不同的屏幕尺寸和比例。利用 Android 灵活的布局系统，可以创造出在各种设备上看起来都很优雅的应用，如图 5-41 所示。

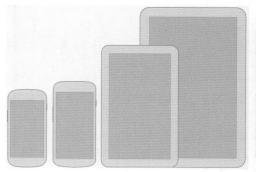
图 5-41

提示　对应用布局进行放大、缩小或者裁剪以适应不同的高度和宽度。在较大的设备上，利用大屏幕的优势，通过定制视图显示更多的内容，提供更便利的导航。为不同的像素密度 (DPI) 提供资源，使应用在各种设备上都看起来很棒。

为多种屏幕设计，一种方法是以一个基本的标准开始，之后将其缩放到不同的尺寸。另一种方法是从最大的屏幕尺寸开始，之后为小屏幕去掉一些 UI 元素，如图 5-42 所示为不同尺寸的图标大小。

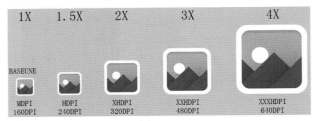

图 5-42

在设计图标时，对于 5 种主流的像素密度 (MDPI、HDPI、XHDPI、XXHDPI 和 XXXHDPI) 应按照 2：3：4：6：8 的比例进行缩放。例如，一个启动图标的尺寸为 48×48dp，这表示在 MDPI 的屏幕上其实际尺寸应为 48×48 像素，在 HDPI 的屏幕上其实际大小是 MDPI 的 1.5 倍 (72×72 像素)，在 XDPI 的屏幕上其实际大小是 MDPI 的 2 倍 (96×96 像素)，以此类推。

 虽然 Android 也支持低像素密度 (LDPI) 的屏幕，但无须为此费神，系统会自动将 HDPI 尺寸的图标缩小到 1/2 进行匹配。

Android 系统涉及的手机种类非常多，屏幕尺寸很难统一，根据屏幕尺寸的不同相应的界面元素尺寸如表 5-1 所示。

表 5-1　界面元素尺寸

单位：像素

屏幕尺寸	启动图标	操作栏图标	上下文图标	系统通知图标	最细笔画
320×480	48×48	32×32	16×16	24×24	不小于 2
480×800 480×854 540×960	72×72	48×48	24×24	36×36	不小于 3
720×1280	48×48dp	32×32dp	16×16dp	24×24dp	不小于 2dp
1080×1920	144×144	96×96	48×48	72×72	不小于 6

 在 Android 设计规范中，使用的单位是 dp，dp 在 Android 机上不同的密度转换后的 px(像素) 是不一样的。

在使用 Photoshop 或 Illustrator 这类的位图或矢量图编辑程序时，以下这些小技巧对创建图标或其他图片资源有所帮助。

尽可能使用矢量图：Adobe Photoshop 这类图像编辑工具允许用户混合使用矢量图和位图。尽可能地使用矢量图，这样在需要放大图标时就可以避免细节上的损失。使用矢量图的另一个好处是能更方便地在低分辨率的屏幕上让边缘和角落与像素边界对齐。

使用更大的画布：为了更好地适配不同的像素密度，最好使用数倍于目标图标尺寸的画布。例如，启动图标在 MDPI、HDPI、XHDPI 和 XXHDPI 下的宽度为 48、72、96 和 144 像素，使用 864×864 像素的画板可以降低缩放图标时的工作量。

缩放时，按需重绘位图图层：如果需要放大的图标中包含位图图层，这些图层需要进行手动重绘，以便在更高的像素密度下获得更好的显示效果。例如，为 MDPI 所绘制的 60×60 像素的圆，在适配 HDPI 屏幕时需重绘成 90×90 像素。

案例 29

Android 6.0 Chrome 图标

教学视频：视频 \ 第 5 章 \5-4-1.mp4　　源文件：源文件 \ 第 5 章 \5-4-1.psd

案例分析：

　　这款图标为 Android 6.0 中的浏览器图标，它以谷歌浏览器为基础，将扁平化运用到图标中。此外，三色的不规则图形对"钢笔工具"的操作技巧略有要求。

01 执行"文件 > 新建"命令，设置"新建"对话框中的各项参数如图 5-43 所示。新建"图层 1"图层，单击工具箱中的"钢笔工具"按钮，绘制如图 5-44 所示的图形。

图 5-43

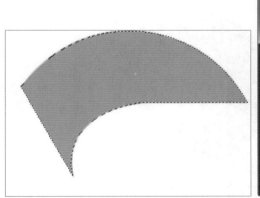

图 5-44

02 将绘制的路径转换为选区，并填充颜色 RGB(234、81、69)，如图 5-45 所示。选择"图层 1"图层，单击"图层"面板底部的"添加图层样式"按钮，在弹出的"图层样式"对话框中选择"内阴影"选项，设置如图 5-46 所示的参数。

图 5-45

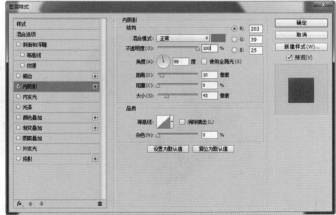

图 5-46

提示 路径绘制完成后，按下快捷键 Ctrl+Enter 即可将其转换为选区，也可以单击鼠标右键，在弹出的快捷菜单中选择"建立选区"选项。

03 继续选择"渐变叠加"选项，设置参数如图 5-47 所示。采用相同的方法完成相似内容的制作，如图 5-48 所示。

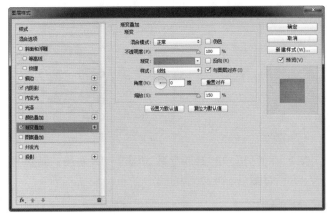

图 5-47

图 5-48

04 新建"图层 2"图层，单击工具箱中的"钢笔工具"按钮，绘制如图 5-49 所示的图形并转换为选区，为选区填充 RGB(54、150、51)，如图 5-50 所示。

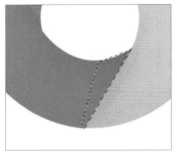

图 5-49

图 5-50

05 采用相同的方法完成相似内容的制作，如图 5-51 所示。新建"图层 3"图层，单击工具箱中的"椭圆工具"按钮，绘制如图 5-52 所示的白色正圆形。

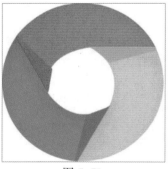

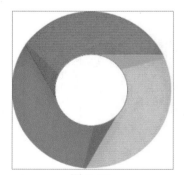

图 5-51

图 5-52

06 单击"图层"面板底部的"添加图层样式"按钮，在弹出的"图层样式"对话框中选择"渐变叠加"选项，设置如图 5-53 所示的参数。采用相同的方法完成相似内容的制作，如图 5-54 所示。

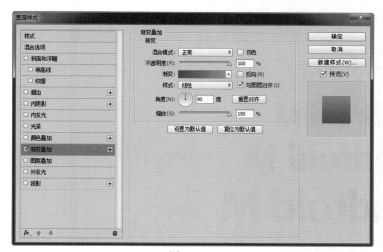

图 5-53

图 5-54

07 隐藏"背景"图层，执行"图像 > 裁切"命令，如图 5-55 所示。最终效果如图 5-56 所示。

图 5-55

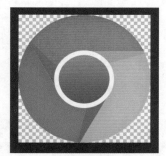

图 5-56

5.4.2　字体

　　Android 的设计语言继承了许多传统排版设计概念，例如比例、留白、韵律和网格对齐。这些概念的成功运用，使得用户能够快速理解屏幕上的信息。为了更好地支持这一设计语言，Android 6.0 Marshmallow 延续了曾经的 Roboto 字体家族，它专为界面渲染和高分辨率屏幕而设计，如图 5-57 所示。

　　另有 Roboto Condensed 这一变体可供选择，同样的，它也具有不同的字重和对应的斜体，如图 5-58 所示。

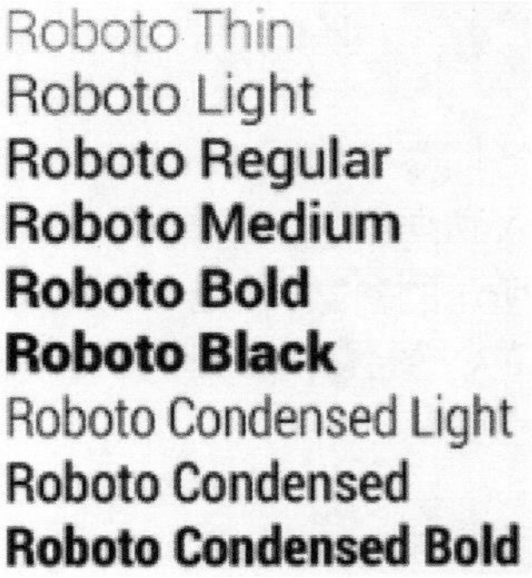

图 5-57

图 5-58

为不同控件引入字体大小上的反差有助于营造有序、易懂的排版效果。但在同一个界面中使用过多不同的字体大小则会造成混乱。Android 设计框架使用以下有限的几种字体大小，如图 5-59 所示。

Android M 12sp

Android M 14sp

Android M 18sp

Android M 22sp

图 5-59

 提示 用户可以在"设置"中调整整个系统的字体大小。为了支持这些辅助特性，字体的像素应当设计成与大小无关的，称为 sp。排版的时候也应当考虑到这些设置。

 提示 Android 界面使用以下的色彩样式：Text Color Primary Dark 和 Text Color Secondary Dark。在浅色主题中则使用 text Color Primary Light 和 text Color Secondary Light。

案例 30

制作 Android E-mail 发送界面
教学视频：视频 \ 第 5 章 \5-4-2.mp4　　源文件：源文件 \ 第 5 章 \5-4-2.psd

案例分析：
　　这是一款 Android 的 E-mail 发送界面，它以简洁实用为基础，将扁平化运用到该界面中。此款界面设计难度不大，主要使用户对 Android 6.0 界面有初步的了解。

色彩分析：
　　此款界面以棕色作为主色调，搭配黑色的文字，略显古朴。由于是系统自带界面，整体较为简洁。

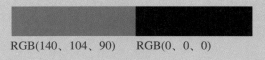

RGB(140、104、90)　　RGB(0、0、0)

01 执行"文件 > 新建"命令，设置"新建"对话框中的各项参数如图 5-60 所示。执行"文件 > 打开"命令，打开素材图像"素材 \ 第 5 章 \54201.png"并拖入到画布中，如图 5-61 所示。

02 单击工具箱中的"矩形工具"按钮，设置如图 5-62 所示的参数，在画布中创建矩形，选中该图层，单击"图层"面板底部的"添加图层样式"按钮，在弹出的"图层样式"对话框中选择"投影"选项，设置如图 5-63 所示的参数。

图 5-60

图 5-61

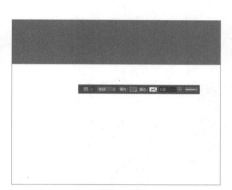

图 5-62

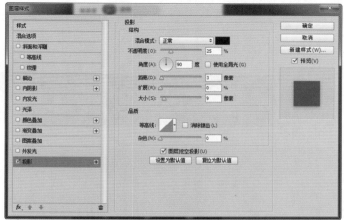

图 5-63

 在 Photoshop 中，打开"图层样式"的方法除了单击"图层"面板底部的按钮，也可以双击该图层来打开。

03 将该图层拖曳到"图层 1"下方，单击工具箱中的"横排文字工具"按钮，设置如图 5-64 所示的参数，在画布中输入如图 5-65 所示的文字。

图 5-64

图 5-65

04 新建"图层 2"图层，单击工具箱中的"钢笔工具"按钮，绘制如图 5-66 所示的图形，将路径转换为选区，将选区填充为白色，如图 5-67 所示。

图 5-66　　　　　　　　　　　　　　图 5-67

05 采用相同的方法完成其他内容的制作，如图 5-68 所示。将相应图层编组，重命名为"顶部"，此时"图层"面板如图 5-69 所示。

 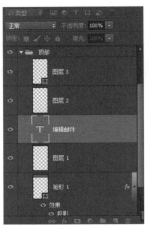

图 5-68　　　　　　　　　　　　　　图 5-69

06 单击工具箱中的"圆角矩形工具"按钮，设置如图 5-70 所示的参数并填充 RGB(235、235、235)，在画布中创建圆角矩形。执行"文件 > 打开"命令，打开素材图像"素材 \ 第 5 章 \54202.png"并拖入到画布中， 如图 5-71 所示。

图 5-70　　　　　　　　　　　　　　图 5-71

07 单击工具箱中的"横排文字工具"按钮，设置如图 5-72 所示的参数，在画布中输入如图 5-73所示的文字。

图 5-72　　　　　　　　　　　　　　　　　　图 5-73

08 采用相同的方法完成其他文字的输入，如图 5-74 所示。单击工具箱中的"直线工具"按钮，设置如图 5-75 所示的参数，填充 RGB(222、222、222)，在画布中创建直线。

图 5-74　　　　　　　　　　　　　　　　　　图 5-75

提示　在 Photoshop 中使用"直线工具"绘制直线时，为保证绘制的直线处于水平或垂直的状态，可以在按住 Shift 键的同时拖动鼠标绘制。

09 采用相同的方法完成其他内容的制作，如图 5-76 所示。将相关图层编组，重命名为"文字"，"图层"面板如图 5-77 所示。

图 5-76　　　　　　　　　　　　　　　　　　图 5-77

提示　在 Photoshop 中涉及文字等需要排列的问题，如果不确定排列是否整齐，可以利用辅助线来确定文字的排列是否得当。

10 ▼ 执行"文件 > 打开"命令，打开素材图像"素材 \ 第 5 章 \54203.png"并拖入到画布中，如图 5-78 所示。单击工具箱中的"矩形工具"按钮，在画布中创建黑色矩形，如图 5-79 所示。

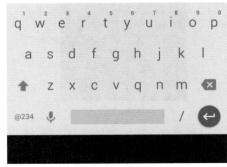

图 5-78 图 5-79

11 ▼ 单击工具箱中的"椭圆工具"按钮，设置如图 5-80 所示的参数，并设置描边颜色为白色，在画布中创建圆环。采用相同的方法完成其他内容的制作，如图 5-81 所示。

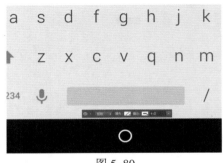

图 5-80 图 5-81

12 ▼ 将相关图层编组，重命名为"底部"，"图层"面板如图 5-82 所示。完成该界面的制作，最终效果如图 5-83 所示。

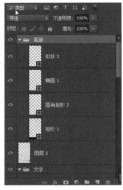

图 5-82 图 5-83

5.4.3 写作风格

撰写应用相关文本时应尽量简短、简明和友好，当为 APP 写句子时，注意以下几条规则。

保持简短：简明、准确。从限制使用 30 个字符开始，除非必要，绝对不增加字符，如图 5-84 所示。

图 5-84

保持简单：使用简短的句子，如主动动词和普通名词，如图 5-85 所示。

图 5-85

保持友好：使用缩写，直接使用第二人称，避免唐突和骚扰，使用户感到安全、愉快、充满活力，如图 5-86 所示。

图 5-86

先讲最重要的事情：前两个单词至少包括一个最重要的信息，如果不是这样，重新开始，如图 5-87 所示。

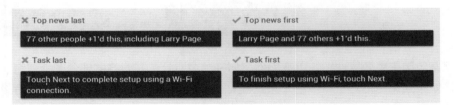

图 5-87

仅描述必要的，避免重复：不要试图解释细微的差别，如果一个重要的词或一段文本内不断重复，办法只用一次，如图 5-88 所示。

图 5-88

如果 toast、标签或通知消息等控件中只包含一句话，无须使用句号作为结尾。如果包含两句或更多，则每一句都需以句号结尾。

使用省略号表示以下含义。

- 未完成的状态，例如表示操作进行中或是表示文本未能完全显示。
- 菜单中需要进一步 UI 操作的条目。

5.4.4　颜色

使用不同颜色是为了强调信息，要选择合适自己设计的颜色，并且提供不错的视觉对比效果。注意色弱的人士对红色和绿色可能无法分辨，如图 5-89 所示。

图 5-89

蓝色是 Android 调色板中的标准颜色。每一种颜色都有相应的深色版本以供使用，如图 5-90 所示。

图 5-90

鲜艳的强调色用于主要操作按钮以及组件，如开关或滑片。左对齐的部分图标或章节标题也可以使用强调色。如果强调色相对于背景色太深或者太浅，默认的做法是选择一个更浅或者更深的备用颜色，如图 5-91 所示。

图 5-91

主题是对应用提供一致性色调的方法。样式指定了表面的亮度、阴影的层次和字体元素的适当不透明度。为了提高应用间的一致性，提供了浅色和深色两种主题选择，如图 5-92 所示。

图 5-92

5.5　Android 基本图形绘制

Android 系统界面设备种类繁多，系统自身的开放性为应用的自主开发提供了方便，虽然各品牌手机都有基于 Android 6.0 开发的新系统，但 Android APP 随着 Android 界面设计工具平台的发展，开发界面逐渐形成统一的规则和趋势。

Android APP 系统由各种图形元素组成，想要制作完整的 Android APP，必须对各个图形的制作和运用有所了解和掌握。如图 5-93 所示为 Android 6.0 的官方图标。

图 5-93

5.5.1　直线

直线在 Android APP 的界面设计中使用广泛，制作界面时合理运用直线可以使界面整齐和规范。例如，在一个界面中出现多行文字时，可以在合适的位置运用直线，使用户在使用和浏览时一目了然，如图 5-94 所示。

图 5-94

接下来讲解直线的绘制方法。

在 Photoshop 中选择"直线工具"，在画布中拖曳鼠标，就能绘制出一条直线，如图 5-95 所示。通过调整"设置线条粗细"选项，可以调整直线的粗细，如图 5-96 所示。

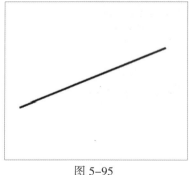

图 5-95

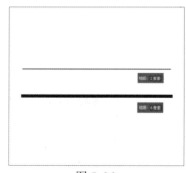

图 5-96

在 Photoshop 中选择"直线工具"，按住 Shift 键的同时在画布中拖曳鼠标，就能绘制出垂直或水平的直线，如图 5-97 所示。使用相同的方法，不按 Shift 键拖曳鼠标即可绘制任意方向的直线，如图 5-98 所示。

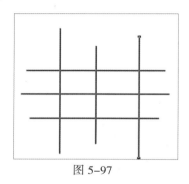

图 5-97

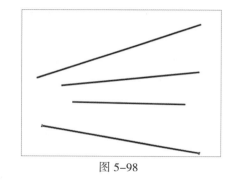

图 5-98

案例 31

制作 Android 注册界面

教学视频：视频 \ 第 5 章 \5-5-1.mp4　　源文件：源文件 \ 第 5 章 \5-5-1.psd

案例分析：

　　这是一款棕色的 Android 注册界面，此款界面设计难度不大，主要考验用户对直线的使用，以及对 Android 界面的熟悉程度。

色彩分析：

　　此款界面以棕色作为主色调，搭配黑色的文字。错误标记采用了醒目的红色，由于是系统自带界面，整体较为简洁。

RGB(40、104、90)　RGB(0、0、0)

01 执行"文件 > 新建"命令，设置弹出的"新建"对话框中各项参数如图 5-99 所示。执行"文件 > 打开"命令，打开素材图像"素材 \ 第 5 章 \54201.png"并拖入到画布中，如图 5-100 所示。

图 5-99　　　　　　　　　　　　　　　　图 5-100

02 ✓　单击工具箱中的"矩形工具"按钮，设置如图 5-101 所示的参数，在画布中创建矩形，选中该图层，单击"图层"面板底部的"添加图层样式"按钮，在弹出的"图层样式"对话框中选择"投影"选项，设置如图 5-102 所示的参数。

图 5-101　　　　　　　　　　　　　图 5-102

03 ✓　将该图层拖曳到"图层 1"下方，单击工具箱中的"横排文字工具"按钮，设置如图 5-103 所示的参数，在画布中输入如图 5-104 所示的文字。

图 5-103　　　　　　　　　　　图 5-104

04 ✓　新建"图层 2"图层，单击工具箱中的"钢笔工具"按钮，绘制如图 5-105 所示的图形，将路径转换为选区，将选区填充为白色，如图 5-106 所示。

05 ✓　使用相同的方法完成其他内容的制作，如图 5-107 所示。将相应图层编组，重命名为"顶部"，"图层"面板如图 5-108 所示。

图 5-105

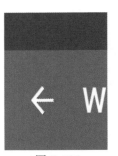

图 5-106

图 5-107

图 5-108

06 ✔ 单击工具箱中的"横排文字工具"按钮，设置 RGB(248、90、68) 并设置如图 5-109 所示的参数，在画布中输入如图 5-110 所示的文字。

图 5-109

图 5-110

07 ✔ 使用相同的方法完成其他内容的制作，如图 5-111 所示。单击工具箱中的"直线工具"按钮，设置如图 5-112 所示的参数在画布中创建直线。

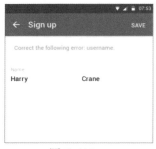

图 5-111

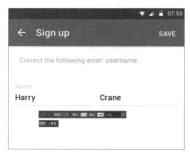

图 5-112

08 ✔ 使用相同的方法完成其他内容的制作，如图 5-113 所示。单击工具箱中的"直线工具"按钮，设置 RGB(248、90、68) 并设置如图 5-114 所示的参数，在画布中创建直线。

图 5-113　　　　　　　　　　　　　　　　图 5-114

09 ∨　单击工具箱中的"多边形工具"按钮，设置 RGB(248、90、68)，在画布中绘制如图 5-115 所示的三角形。单击工具箱中的"横排文字工具"按钮，在画布中输入文字，如图 5-116 所示。

图 5-115　　　　　　　　　　　　　　　　图 5-116

10 ∨　使用相同的方法完成其他内容的制作，如图 5-117 所示。执行"文件 > 打开"命令，打开素材图像"素材 \ 第 5 章 \55101.png"并拖入到画布中， 如图 5-118 所示。

图 5-117　　　　　　　　　　　　　　　　图 5-118

提示　日期的制作和底部的制作在之前已经详细介绍过，本案例中不再详细介绍，因此以 PNG 格式导入，如果需要制作可参考之前的案例。

11 ∨　将相关图层编组，重命名为"主题"，"图层"面板如图 5-119 所示。完成该界面的制作，最终效果如图 5-120 所示。

图 5-119

图 5-120

5.5.2 圆

圆是一种几何图形，在 Android 6.0 的界面中，更是将圆的作用发挥得淋漓尽致，扁平化与圆相结合形成的美感使 Android APP 更有其独特的魅力，尤其是 Android 6.0 的图标，更是利用圆的特性，如图 5-121 所示。

图 5-121

接下来为用户讲解圆形选区及圆形的绘制方法。

在 Photoshop 中选择"椭圆选框工具"，按住 Shift 键的同时在画布中拖曳鼠标，就能绘制出一个圆形选区，如图 5-122 所示。选择"油漆桶工具"填充选区，可将选区填充为实心圆，如图 5-123 所示。

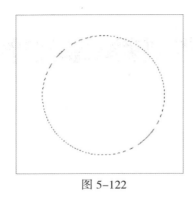

图 5-122

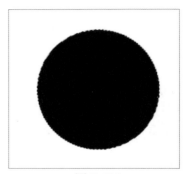

图 5-123

在 Photoshop 中选择"椭圆工具"，按住 Shift 键的同时在画布中拖曳鼠标，就能绘制出一个圆形，如图 5-124 所示。使用相同的方法，不按 Shift 键拖曳鼠标即可绘制椭圆，如图 5-125 所示。

图 5-124

图 5-125

案例 32　制作 Android 时间界面
教学视频：视频 \ 第 5 章 \5-5-2.mp4　　源文件：源文件 \ 第 5 章 \5-5-2.psd

案例分析：
　　这是一款以圆形为主体形状的 Android 时间界面，此款界面设计难度不大，主要考验用户对圆的运用，需要有足够的细心和耐心。

色彩分析：
　　该案例以白色作为底色，蓝色作为主色调，字体颜色根据背景的不同而变化，简洁而灵动。

RGB(0、170、214)　　　　RGB(255、255、255)

01 执行"文件 > 新建"命令，设置弹出的"新建"对话框中各项参数如图 5-126 所示。单击工具箱中的"矩形工具"按钮，设置 RGB(0、170、214)，在画布中创建如图 5-127 所示的矩形。

图 5-126

图 5-127

02 单击工具箱中的"横排文字工具"按钮，设置如图 5-128 所示的参数，在画布中输入如图 5-129 所示的文字。

03 使用相同的方法完成其他内容的制作，如图 5-130 所示。将相关图层编组，重命名为"时间"，"图层"面板如图 5-131 所示。

图 5-128

图 5-129

图 5-130

图 5-131

04 单击工具箱中的"椭圆工具"按钮，设置 RGB(0、170、214)，在画布中创建如图 5-132 所示的圆形。选择"椭圆 1"图层，单击"图层"面板底部的"添加图层样式"按钮，在弹出的"图层样式"对话框中选择"投影"选项，设置如图 5-133 所示的参数。

图 5-132

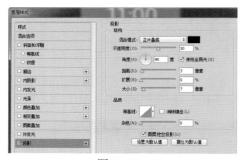

图 5-133

05 单击工具箱中的"椭圆工具"按钮，设置 RGB(51、181、229)，在画布中创建如图 5-134 所示的圆形。使用相同的方法完成其他内容的制作，如图 5-135 所示。

图 5-134

图 5-135

06 单击工具箱中的"横排文字工具"按钮，设置如图 5-136 所示的参数，在画布中输入如图 5-137 所示的文字。

图 5-136

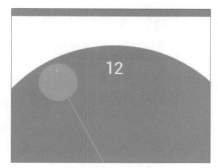

图 5-137

07 使用相同的方法完成其他内容的制作，如图 5-138 所示。将相关图层编组，重命名为"时钟"，"图层"面板如图 5-139 所示。

图 5-138

图 5-139

 提示　在使用 Photoshop 制作界面时，为防止由于图层过多导致顺序错乱，可以将相似内容进行编组处理。

08 单击工具箱中的"椭圆工具"按钮，设置 RGB(0、170、214)，在画布中创建如图 5-140 所示的圆形。选择"椭圆 1"图层，单击"图层"面板底部的"添加图层样式"按钮，在弹出的"图层样式"对话框中选择"投影"选项，设置如图 5-141 所示的参数。

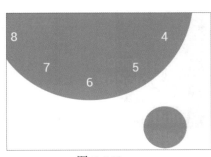

图 5-140

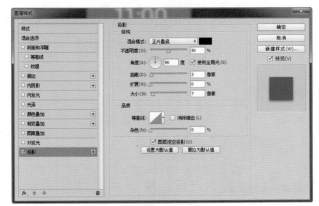

图 5-141

09 单击工具箱中的"横排文字工具"按钮，在画布中输入如图 5-142 所示的文字。将相关图层编组，重命名为"控制"，最终效果如图 5-143 所示。

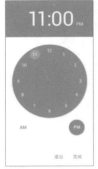

图 5-142   图 5-143

5.5.3　矩形

　　矩形是最整齐、最简单的几何图形，也是在 Android APP 中使用较为频繁的图形元素，只要有矩形出现，必然会发挥其独一无二的作用，如图 5-144 所示。

图 5-144

　　接下来为用户讲解矩形选区及矩形的绘制方法。

　　在 Photoshop 中选择"矩形选框工具"，按住 Shift 键的同时在画布中拖曳鼠标，就能绘制出一个矩形选区，如图5-145所示。选择"油漆桶工具"填充选区，可将选区填充为实心矩形，如图5-146所示。

图 5-145   图 5-146

　　在 Photoshop 中，选择"矩形工具"，按住 Shift 键的同时在画布中拖曳鼠标，就能绘制出一个正方形，如图 5-147 所示。使用相同的方法，不按 Shift 键拖曳鼠标即可绘制长方形，如图 5-148 所示。

图 5-147

图 5-148

案例 33

制作简洁的 Android 软件界面

教学视频：视频 \ 第 5 章 \5-5-3.mp4　　　源文件：源文件 \ 第 5 章 \5-5-3.psd

案例分析：

　　这是一款彩色的 Android 软件界面，此款界面设计难度不大，主要考验用户对矩形绘制以及排布的掌握。设计简单不代表界面就不美观，通过图形和色彩的合理搭配可以使界面产生不可思议的效果，色彩搭配在这款软件界面中得到充分体现。

色彩分析：

　　这款彩色软件界面应用了蓝天白云作为背景，通过 6 种标准色作为辅色，搭配以白色的字体，经过合理的排布制作出具有清新感的软件界面。

RGB(225、157、63)　RGB(0、170、214)　　RGB(135、117、247)

RGB(230、123、225) RGB(100、219、131)　RGB(57、457、243)

RGB(22、110、95) RGB(147、151、64)

提示　绘制的矩形图案可以通过按快捷键 Ctrl+T 对图形进行放大和缩小，按住 Shift 键可以等比例缩放。

01 ✓　执行"文件 > 打开"命令，打开素材图像"素材 \ 第 5 章 \55301.png"并拖入到画布中，如图 5-149 所示。单击工具箱中的"矩形工具"按钮，设置颜色为黑色，在画布中创建如图 5-150 所示的矩形。

02 ✓　设置该图层"不透明度"为 50%，效果如图 5-151 所示。单击工具箱中的"钢笔工具"按钮，绘制如图 5-152 所示的路径。

图 5-149　　　　　　　　图 5-150　　　　　　　　图 5-151　　　　　　　　图 5-152

03 ⌄　将路径转换为选区并为选区填充白色，设置图层"不透明度"为 30%，如图 5-153 所示。使用相同的方法完成其他内容的制作，如图 5-154 所示。

图 5-153　　　　　　　　　　　　　　图 5-154

04 ⌄　使用相同的方法完成其他内容的制作，如图 5-155 所示。单击工具箱中的"矩形工具"按钮，设置工具模式为"像素"，并设置颜色为白色，在画布中创建如图 5-156 所示的矩形。

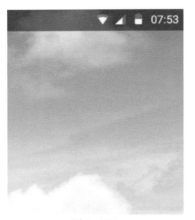

图 5-155　　　　　　　　　　　　　　图 5-156

05 ⌄　设置图层"不透明度"为 90%，单击"图层"面板底部的"添加图层样式"按钮，在弹出的"图层样式"对话框中选择"颜色叠加"选项，设置如图 5-157 所示的参数。使用相同的方法完成其他内容的制作，如图 5-158 所示。

06 ⌄　执行"文件 > 打开"命令，打开素材图像"素材 \ 第 5 章 \55302.png~55307.png"并拖入到画布中，如图 5-159 所示。将相关图层编组，重命名为"主体"，如图 5-160 所示。

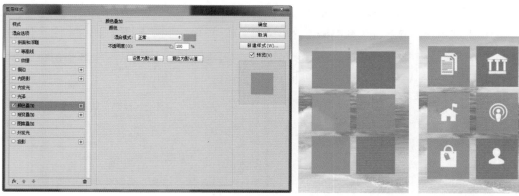

图 5-157　　　　　　　图 5-158　　　　　图 5-159

07 ✔　单击工具箱中的"横排文字工具"按钮，在画布中输入如图 5-161 所示的文字。使用相同的方法完成其他内容的制作，如图 5-162 所示。

图 5-160　　　　　　　　图 5-161　　　　　　　　图 5-162

08 ✔　单击工具箱中的"横排文字工具"按钮，在画布中输入如图 5-163 所示的文字。单击"图层"面板底部的"添加图层样式"按钮，在弹出的"图层样式"对话框中选择"描边"选项，设置如图 5-164 所示的参数。

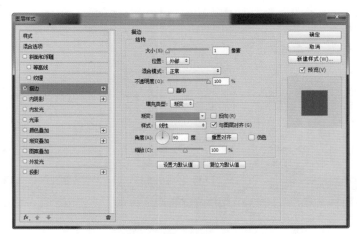

图 5-163　　　　　　　　　　　　　图 5-164

09 ✔　继续选择"渐变叠加"选项，设置如图 5-165 所示的参数。最后选择"投影"选项，设置如图 5-166 所示的参数。

10 将相关图层编组，重命名为"文字"，如图 5-167 所示。单击工具箱中的"矩形工具"按钮，在画布中创建黑色矩形并设置图层"不透明度"为 50%，如图 5-168 所示。

图 5-165

图 5-166

图 5-167

图 5-168

11 单击工具箱中的"椭圆工具"按钮，设置如图 5-169 所示的参数并设置描边颜色为白色，在画布中创建圆环。使用相同的方法完成其他内容的制作，如图 5-170 所示。

图 5-169

图 5-170

12 将相关图层编组，重命名为"底部"，如图 5-171 所示。完成界面制作，最终效果如图 5-172 所示。

图 5-171

图 5-172

5.5.4　圆角矩形

　　圆角矩形是一种较为难掌握的形状，在 Android APP 设计中极为常见的就是图标和开关界面。在统一界面中的圆角矩形需要保证圆角的角度一致，如图 5-173 所示。

图 5-173

　　接下来为用户讲解圆角矩形的绘制方法。

　　在 Photoshop 中选择"圆角矩形工具"，在画布中拖曳鼠标，就能绘制出一个圆角矩形，如图 5-174 所示。使用相同的方法，按住 Shift 键拖曳鼠标，即可绘制如图 5-175 所示的四边相等圆角矩形。

图 5-174

图 5-175

　　在 Photoshop 中，使用"圆角矩形工具"绘制一个圆角矩形，如图 5-176 所示。通过更改"设置圆角半径"选项，可更改圆角的大小，如图 5-177 所示。

图 5-176

图 5-177

案例 34

制作简洁的 Android 推送界面

教学视频：视频 \ 第 5 章 \5-5-4.mp4　　源文件：源文件 \ 第 5 章 \5-5-4.psd

案例分析：

　　这是一款 Android 推送界面，推送界面设计以简洁、清晰为目的，此款界面设计难度不大，主要考验用户对圆角矩形的使用，需要用户有足够的细心和耐心。

色彩分析：

　　这款推送界面是系统界面，推送窗口以白色为底色，搭配黑色的字体，是一种最为常规的搭配方式，简洁明了，中规中矩。

RGB(255、255、255)　　RGB(0、0、0)

01 执行"文件 > 打开"命令，打开素材图像"素材 \ 第 5 章 \55401.png"并拖入到画布中，如图 5-178 所示。使用相同的方法打开素材图像"素材 \ 第 5 章 \55402.png"并拖入到画布中，如图 5-179 所示。

图 5-178

图 5-179

02 单击工具箱中的"横排文字工具"按钮，设置如图 5-180 所示的参数，在画布中输入如图 5-181 所示的文字。

图 5–180　　　　　　　　　　　　　　图 5–181

03 使用相同的方法完成相似内容的制作，如图 5–182 所示。单击工具箱中的"圆角矩形工具"按钮，设置颜色为白色，在画布中创建圆角矩形，如图 5–183 所示。

图 5–182　　　　　　　　　　　　　　图 5–183

04 单击"图层"面板底部的"添加图层样式"按钮，在弹出的"图层样式"对话框中选择"投影"选项，设置如图 5–184 所示的参数。执行"文件 > 打开"命令，打开素材图像"素材 \ 第 5 章 \55403.png"并拖入到画布中，如图 5–185 所示。

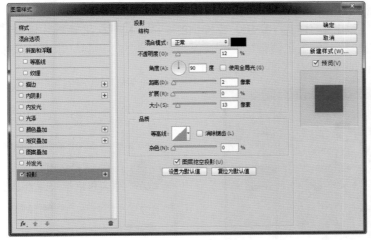

图 5–184　　　　　　　　　　　　　　图 5–185

05 单击工具箱中的"横排文字工具"按钮，在画布中输入如图 5–186 所示的文字。使用相同的方法完成相似内容的制作，如图 5–187 所示。

图 5-186　　　　　　　　　　　图 5-187

06 将相关图层编组，重命名为"推送 1"，"图层"面板如图 5-188 所示。单击工具箱中的"圆角矩形工具"按钮，设置颜色为白色，在画布中创建圆角矩形，如图 5-189 所示。

图 5-188　　　　　　　　　　　图 5-189

> **提示**　Android 系统在同一界面中使用的圆角半径相同，因此，此处圆角矩形的圆角半径也是 20 像素。

07 单击"图层"面板底部的"添加图层样式"按钮，在弹出的"图层样式"对话框中选择"投影"选项，设置如图 5-190 所示的参数。单击工具箱中的"椭圆工具"按钮，设置"填充"颜色为 RGB(117、117、117)，在画布中创建正圆形，如图 5-191 所示。

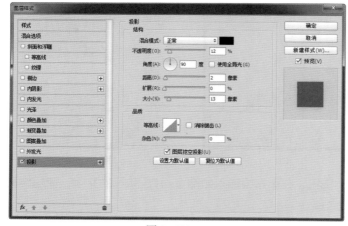

图 5-190　　　　　　　　　　　图 5-191

08 ✔　单击工具箱中的"圆角矩形工具"按钮，设置颜色为白色、圆角半径为 2 像素，在画布中创建正圆角矩形，如图 5-192 所示。单击工具箱中的"钢笔工具"按钮，设置路径操作为"减去顶层形状"，在圆角矩形中绘制如图 5-193 所示的形状。

图 5-192　　　　　　　　　　　　　　　图 5-193

如果要在原有的基础上减去顶层形状，要单独选中最底层的图像，如果不确定是底层图像，可以在路径排列方式中将形状置于底层。如果全选了形状或者选中了顶层形状执行这个命令，Photoshop 会默认减去自己，将原来不透明的部分变成形状。

09 ✔　单击工具箱中的"横排文字工具"按钮，在画布中输入如图 5-194 所示的文字。执行"文件 > 打开"命令，打开素材图像"素材 \ 第 5 章 \55404.png"并拖入到画布中，如图 5-195 所示。

图 5-194　　　　　　　　　　　　　　　图 5-195

10 ✔　使用相同的方法完成相似内容的制作，如图 5-196 所示。将相关图层编组，重命名为"推送 2"，"图层"面板如图 5-197 所示。

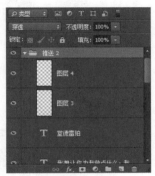

图 5-196　　　　　　　　　　　　　　　图 5-197

11 ∨ 使用相同的方法完成底部栏的制作，如图 5-198 所示。完成推送界面的制作，最终效果如图 5-199 所示。

图 5-198　　　　　　　　　　　　　　　　图 5-199

> **提示** Android 底部的制作在之前的案例中已做出详细讲解，此处不再赘述，如果有制作方面的问题，可参考之前的案例。

5.5.5　其他形状

在 Android APP 的图形构成元素中，还有许多简单或复杂的形状，通过一些比较有代表性的图像或比较形象的图形，再配合简单的文字说明，能够使用户与系统进行完美的互动。这样，即使用户不识字，也可以通过图形明白其表达的意思，如图 5-200 所示为 Android 6.0 中部分扁平化处理后的图标。

图 5-200

接下来为用户讲解选区运算、虚线和特殊形状的绘制方法。

选择"矩形选框工具"，在工具栏中选择"新选区"选项，新建一个矩形选区，如图 5-201 所示。在工具栏中选择"添加到选区"选项，绘制矩形选区，如图 5-202 所示，此时发现图形选区增加了。

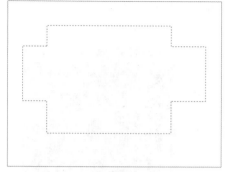

图 5-201

图 5-202

在工具栏中选择"从选区减去"选项，绘制矩形选区，如图 5-203 所示。在工具栏中选择"与选区交叉"选项，绘制矩形选区，如图 5-204 所示。

图 5-203

图 5-204

以上操作整体而言是选区运算，"添加到选区"是将两个或多个选区相加，保留相加后的最大选区。"从选区减去"是将选区相减，保留大的选区多于小的选区的部分。"与选区交叉"是将两个或多个选区相交的部分保留。运用选区运算可以实现许多单个图形无法实现的特殊效果。

选择工具箱中的"画笔工具"，执行"菜单 > 窗口 > 画笔"命令，在"画笔"面板中单击任一笔刷，调整间距，间距越大，虚线效果越明显，如图 5-205 所示。鼠标点下虚线起点，按住 Shift 键并拖曳鼠标，即可画出一条笔直的虚线，如图 5-206 所示。

图 5-205

图 5-206

选择"自定义形状工具"，在选项栏中单击形状右侧的下拉箭头，可选择特定的特殊形状，如图 5-207 所示。在画布中拖曳鼠标即可绘制图形，如图 5-208 所示。

图 5-207

图 5-208

案例 35　制作简洁的 Android 图片预览界面

教学视频：视频 \ 第 5 章 \5-5-5.mp4　源文件：源文件 \ 第 5 章 \5-5-5.psd

案例分析：

这是一款 Android 图片预览界面，界面设计难度不大，主要考验用户对特殊形状的使用。

色彩分析：

为突出照片，提升用户体验，Android 6.0 系统中的照片预览界面采用了黑色背景同时搭配反差最大的白色字体，既突出图片又突出操作按钮。

RGB(255、255、255)　　　RGB (0、0、0)

01 执行"文件 > 新建"命令，设置弹出的"新建"对话框中各项参数如图 5-209 所示。执行"文件 > 打开"命令，打开素材图像"素材 \ 第 5 章 \55402.png"拖入到画布中，如图 5-210 所示。

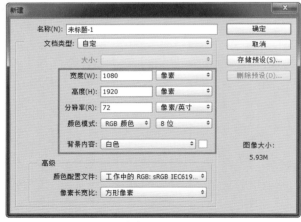

图 5-209

图 5-210

02 ∨　单击工具箱中的"自定形状工具"按钮，设置颜色为白色，在画布中创建如图 5-211 所示的左箭头。使用相同方法创建搜索图标，如图 5-212 所示。

图 5-211　　　　　　　　　　　　　　　　图 5-212

03 ∨　单击工具箱中的"椭圆工具"按钮，设置颜色为白色，在画布中创建如图 5-213 所示的正圆形。使用相同的方法完成相似内容的制作，如图 5-214 所示。

图 5-213　　　　　　　　　　　　　　　　图 5-214

04 ∨　单击工具箱中的"矩形工具"按钮，设置颜色为白色，在画布中创建如图 5-215 所示的矩形。执行"文件 > 打开"命令，打开素材图像"素材 \ 第 5 章 \55501.png"并拖入到画布中，如图 5-216 所示。

图 5-215　　　　　　　　　　　　　　　　图 5-216

05 ∨　选择"图层 2"图层，为图层添加剪贴蒙版，"图层"面板如图 5-217 所示，效果如图 5-218 所示。

图 5-217　　　　　　　　　　　　　　　　图 5-218

> **提示**　剪切蒙版是一个可以用其形状遮盖其他图稿的对象，因此使用剪切蒙版，只能看到蒙版形状内的区域，从效果上来说，就是将图稿裁剪为蒙版的形状。剪切蒙版和被蒙版的对象一起被称为剪切组合，并在"图层"面板中用下箭头标出。

06 ✅　使用相同的方法完成底部栏的制作，如图 5-219 所示。完成界面的制作，最终效果如图 5-220 所示。

图 5-219　　　　　　　　　　　　　　　　图 5-220

5.6　Android APP 控件制作

Android APP 为用户提供了许多方便操作的小控件，一套完整的 Android 控件共包括选项卡、列表、滚动、下拉菜单、按钮、文本框、对话框、滑块、进度条、开关等。

5.6.1　选项卡

将标签放置在操作栏中，可以使用户在不同的视图和功能间探索、切换以及浏览不同类别的数据集合变得更加简单。

滚动标签：滚动标签控件和一般的标签控件相比，可以放置更多的标签。通过在视图中左右滑动，切换不同的标签，如图 5-221 所示。

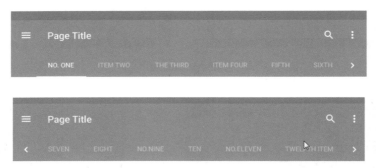

图 5-221

固定标签：固定标签可以一直显示所有的标签，可通过触摸切换不同的标签，如图 5-222 所示。

图 5-222

1. 选项栏使用方式

使用 Tabs 将大量关联的数据或者选项划分成更容易理解的分组，可以在不需要切换出当前上下文的情况下，有效地进行内容导航和内容组织。尽管 Tab 的内容让人很自然地联想到导航，但 Tabs 本身并不是用来导航的，也不是用于内容切换或是内容分页的，如图 5-223 所示。

2. 选项栏特性

选项栏应该显示在一行内且不应该被嵌套，一组选项栏至少包含 2 个选项并且不多于 6 个选项。选项栏控制的显示内容的定位要一致，当前可见内容要高亮显示，应该归类并且每组选项栏中内容顺序相连，如图 5-224 所示。

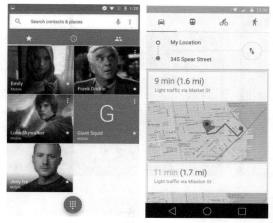

图 5-223

图 5-224

提示　Android 6.0 选项卡相较于 Android 5.0 没有经过过多的改动，依旧延续了简洁、清楚和扁平化的原则。

3. 选项栏的内容

即使是两个选项栏之间，选项中呈现的内容可以有很大的差别。一组选项栏中的所有内容应该互相关联并且在同一个主题下，但是每个选项又是相互独立的。

选项应该有逻辑地组织相关内容，并提供有意义的区分，避免进行跨选项的内容比较，如果一个跨选项的内容比较是有必要的，那么应该换一种内容的组织和呈现方式。

案例 36 制作简洁的 Android 选项卡

教学视频：视频 \ 第 5 章 \5-6-1.mp4　　源文件：源文件 \ 第 5 章 \5-6-1.psd

案例分析：

这是一款 Android 的选项卡，此款选项卡设计难度不大，主要帮助用户了解选项卡的设计规范。

01 执行"文件 > 新建"命令，设置弹出的"新建"对话框中各项参数如图 5-225 所示。单击工具箱中的"矩形工具"按钮，设置颜色 RGB(140、104、90)，在画布中创建如图 5-226 所示的矩形。

02 单击"图层"面板底部的"添加图层样式"按钮，在弹出的"图层样式"对话框中选择"投影"选项，设置如图 5-227 所示的参数。选择"横排文字工具"，设置如图 5-228 所示的参数。

图 5-225

图 5-226

图 5-227

图 5-228

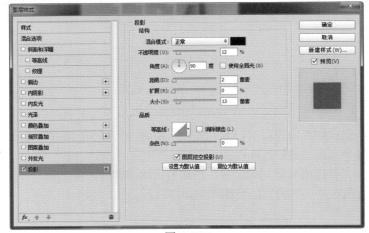

03 在画布中输入如图 5-229 所示的文字，使用相同的方法完成其他文字的输入，如图 5-230 所示。

图 5-229

图 5-230

04 单击工具箱中的"矩形工具"按钮，设置颜色为白色，在画布中创建如图 5-231 所示的矩形。完成选项栏的绘制，最终效果如图 5-232 所示。

图 5-231

图 5-232

5.6.2 列表

常规列表可以被用作向下排列的导航和数据选取，可以纵向展现多行内容，Android 6.0 设置选项中的图标显示方式默认为常规列表，如图 5-233 所示。

章节分割：使用章节分割来帮助分组，组织内容，达到便于扫描的目的。

行：列表可以容纳不同的数据组织形式，包括单行、多行。

常规列表只支持垂直滚动。列表可以通过数据、文件大小、字母顺序或者其他参数来编程改变其顺序或者实现过滤。

网格列表最适合那些使用图像展示的数据，Android 6.0 中二级菜单默认采用网格列表视图，由 Android 5.0 的左右翻转变成了上下翻转，如图 5-234 所示。

图 5-233

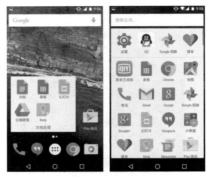

图 5-234

1. 基本网格列表

网格列表中的条目按照两个方向进行排列，滚动时，另一个方向的排列不会发生变换。滚动方向表明了条目排列的顺序。由于滚动方向在不同的应用中可能不同，所以通过切断溢出的内容，提示用户向某个方向滚动。

垂直滚动：垂直滚动的网格列表条目按照一般的西方阅读顺序排列：从左往右，从上到下。显示列表时，可以切断当前屏幕中最下面的条目，提示用户向下滑动还有更多内容。当用户旋转屏幕时，仍然保持这种模式，如图 5-235 所示。

水平滚动：水平滚动的网格列表，高度是固定的。不同于垂直滚动列表，水平滚动列表采用先从上到下，再从左往右的排列顺序。同样使用切断边界条目的方法，提示用户右边还有更多内容，如图 5-236 所示。

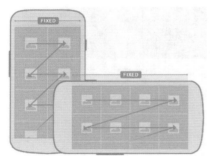

图 5-235

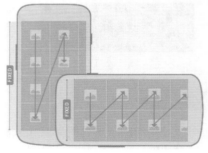

图 5-236

2. 带标题的网格列表

使用标题为网格列表条目显示更多的上下文信息。

样式：在网格列表条目上使用半透明的面板来显示标题。可以控制对比度，确保标题足够清晰而同时又展现亮丽的图片内容，如图 5-237 所示。

图 5-237

案例
37

制作简洁的 Android 文件管理器
教学视频：视频 \ 第 5 章 \5-6-2.mp4　　源文件：源文件 \ 第 5 章 \5-6-2.psd

案例分析：

　　这是一款 Android 的文件管理器界面，此款界面以简洁实用为基础，没有过多的颜色装饰。界面设计难度不大，主要帮助用户了解常规列表的设计，需要用户了解和熟悉相关的知识。

色彩分析：

　　这款界面以白色作为主色，搭配黄色和蓝色的辅色，文本颜色为黑色，整体界面清楚明了。

RGB(255、255、255)　　　RGB(0、153、204)　　　RGB(254、221、67)

01 执行"文件 > 新建"命令，设置弹出的"新建"对话框中各项参数如图 5-238 所示。执行"文件 > 打开"命令，打开素材图像"素材 \ 第 5 章 \55402.png"并拖入到画布中，如图 5-239 所示。

图 5-238

图 5-239

02 单击工具箱中的"矩形工具"按钮，设置"填充"颜色为 RGB(0、153、204)，在画布中创建如图 5-240 所示的矩形，并将"矩形 1"图层拖曳至"图层 1"图层下方。单击"图层"面板底部的"添加图层样式"按钮，在弹出的"图层样式"对话框中选择"投影"选项，设置如图 5-241 所示的参数。

图 5-240

图 5-241

03 单击工具箱中的"自定义形状工具"按钮，设置颜色为白色，在画布中创建如图 5-242 所示的左箭头。使用相同的方法完成相似内容的制作，如图 5-243 所示。

图 5-242

图 5-243

 提示 左箭头和放大镜的图标可以直接利用"自定义形状工具"完成，最后面的图形是由 4 个相同大小的矩形经过合理的排布形成的。

04 单击工具箱中的"横排文字工具"按钮，设置如图 5-244 所示的参数。在画布中输入如图 5-245 所示的文字。

图 5-244

图 5-245

05 执行"文件 > 打开"命令，打开素材图像"素材 \ 第 5 章 \56201.png"并拖入到画布中，如图 5-246 所示。为相关图层编组，重命名为"顶部"，"图层"面板如图 5-247 所示。

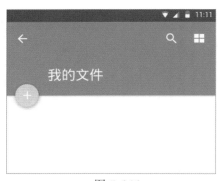

图 5-246

图 5-247

06 单击工具箱中的"椭圆工具"按钮,设置颜色 RGB(0、153、204),在画布中创建如图 5-248 所示的圆形。新建"图层 3"图层,单击工具箱中的"钢笔工具"按钮,绘制路径,将路径转换为选区,并用白色前景色填充选区,如图 5-249 所示。

图 5-248 　　　　　　　　　　　　　　　图 5-249

07 使用相同的方法完成其他内容的制作,如图 5-250 所示。单击工具箱中的"横排文字工具"按钮,在画布中输入如图 5-251 所示的文字。

图 5-250 　　　　　　　　　　　　　　　图 5-251

08 使用相同的方法完成其他内容的制作,如图 5-252 所示。将相关图层编组,重命名为"主体 1", "图层"面板如图 5-253 所示。

09 单击工具箱中的"直线工具"按钮,设置颜色 RGB(222、222、222),设置线条粗细为 3 像素,在画布中创建如图 5-254 所示的直线。使用相同的方法制作其他内容,如图 5-255 所示。

图 5-252 　　　　　　　　　　　　　　　图 5-253

图 5-254 　　　　　　　　　　　　　　　　图 5-255

10 ⬇️ 执行"文件 > 打开"命令，打开素材图像"素材 \ 第 5 章 \56202.png"并拖入到画布中，如图 5-256 所示，完成界面制作，最终效果如图 5-257 所示。

图 5-256 　　　　　　　　　　　　　　　图 5-257

5.6.3　滚动

　　滚动可以通过滑动手势浏览更多的内容，滚动的速度取决于手势的速度。如图 5-258 所示为在 Android 6.0 中需要依靠滚动实现全部内容预览的界面。

 索引滚动中显示的字母顺序以 26 个英文字母的顺序排列，拖动或单击滚动条出现的选项名称的首字母就是被选中的字母。

图 5-258

滚动提示：滚动时显示滚动提示，表明当前内容在全部内容中的位置，不滚动的状态下就不会显示。

滚动索引：除了一般的滚动，按照字母排序的长列表还可以提供滚动索引，可以快速地按照首字母查找条目。如果有滚动索引，即使不滚动，仍然会显示滚动提示。触摸或者拖动它时，将会提示当前位置的首字母。

案例 38　制作微信联系人界面

教学视频：视频 \ 第 5 章 \5-6-3.mp4　　源文件：源文件 \ 第 5 章 \5-6-3.psd

案例分析：

这是一款微信联系人界面，此款界面运用列表的排列方式，联系人与联系人之间以直线相分割，该界面设计难度不大，主要帮助用户了解索引滚动的使用方法。

色彩分析：

这款界面以白色为主色，绿色作为辅色，搭配黑色的文本颜色，使显示内容清楚明白。

RGB(255、255、255)　　RGB(15、157、88)　　RGB(0、0、0)

01 执行"文件 > 新建"命令，设置弹出的"新建"对话框中各项参数如图 5-259 所示。单击"矩形工具"按钮，设置颜色 RGB(15、157、88)，在画布中创建如图 5-260 所示的矩形。

图 5-259　　　　　　　　　　　　　　　　　　　图 5-260

02 执行"文件 > 打开"命令，打开素材图像"素材 \ 第 5 章 \55402.png"并拖入到画布中，如图 5-261 所示。单击"直线工具"按钮，设置颜色 RGB(5、85、36)，设置线条粗细为 4 像素，在画布中创建如图 5-262 所示的直线。

03 使用相同的方法完成其他内容的制作，如图 5-263 所示。执行"文件 > 打开"命令，打开素材图像"素材 \ 第 4 章 \56301.png"并拖入到画布中，如图 5-264 所示。

图 5-261

图 5-262

图 5-263

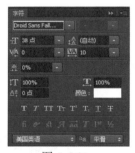

图 5-264

04 单击工具箱中的"横排文字工具"按钮，设置如图 5-265 所示的参数，在画布中输入如图 5-266 所示的文字。

图 5-265

图 5-266

05 使用相同的方法完成其他内容的制作，如图 5-267 所示。将相关图层编组，重命名为"状态栏"，"图层"面板如图 5-268 所示。

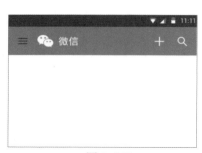

图 5-267

图 5-268

06 　单击工具箱中的"横排文字工具"按钮，在画布中输入如图 5-269 所示的文字。单击工具箱中的"椭圆工具"按钮，设置颜色 RGB(255、170、51)，在画布中创建如图 5-270 所示的圆形。

图 5-269　　　　　　　　　　　　　　图 5-270

07 　新建"图层 3"图层，设置如图 5-271 所示的参数，单击工具箱中的"钢笔工具"按钮，绘制形状。使用相同的方法完成其内容的制作，如图 5-272 所示。

图 5-271　　　　　　　　　　　图 5-272

 绘制一个白色人头像后，其他人头像可以复制该图层，经过适当缩放和重叠效果来实现。

08 　使用相同的方法完成相似内容的制作，如图 5-273 所示。单击工具箱中的"矩形工具"按钮，设置颜色 RGB(99、99、99)，在画布中创建如图 5-274 所示的矩形。

图 5-273　　　　　　　　　　　图 5-274

09 　将"矩形 1"图层拖至"状态栏"图层组上方，并设置图层"不透明度"为 20%，效果如图 5-275 所示。单击工具箱中的"直线工具"按钮，设置颜色 RGB(229、229、229)，设置线条粗细为 2 像素，在画布中创建如图 5-276 所示的直线。

图 5-275

图 5-276

10 ✔ 使用相同的方法完成相似内容的制作，如图 5-277 所示。将相关图层编组，重命名为"主体"，"图层"面板如图 5-278 所示。

11 ✔ 执行"文件 > 打开"命令，打开素材图像"素材 \ 第 5 章 \56202.png"并拖入到画布中，如图 5-279 所示。完成界面制作，最终效果如图 5-280 所示。

图 5-277

图 5-278

图 5-279

图 5-280

5.6.4 下拉菜单

下拉菜单提供了一种快速的选择方式。默认情况下，下拉菜单显示当前选中的项。触摸后，显示其他可选项的下拉菜单，用户可以做出新的选择，如图 5-281 所示。在早期的版本中，平板上的下拉菜单一直都是全屏显示的，非常不方便。而在 Lollipop 上，谷歌将下拉菜单改为居中 + 两步显示的模式，进一步方便了平板用户。到 Android 6.0 上，用户需要调出下拉菜单面板时，在顶部任意位置下滑，下拉菜单就会跟随手指下滑的位置而出现在左、中、右对应区域。这看起来似乎没什么大不了的，但相比 Lollipop 确实贴心多了。

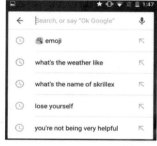

图 5-281

　　表单中的下拉菜单：在表单中可以使用下拉菜单来选择数据。它可以压缩起来，和其他控件很好地整合。下拉菜单可以单独作为一个输入项，也可以配合其他的输入字段一起使用。例如，文本框可以让用户编辑 E-mail 地址，同时提供一个下拉菜单让用户选择是家庭邮箱还是工作邮箱。

　　操作栏的下拉菜单：在操作栏中使用下拉菜单切换视图。例如，在 G-mail 应用中使用下拉菜单切换账户或者选择常用的标签。如果切换视图对于应用来说很重要，但又不需要一直显示，可以使用下拉菜单。如果需要频繁地切换视图，那么最好使用标签。

案例 39　制作 Android 下拉菜单

教学视频：视频 \ 第 5 章 \5-6-4.mp4　　　源文件：源文件 \ 第 5 章 \5-6-4.psd

案例分析：

　　这是一款 Android 的搜索界面，主要为用户讲解下拉菜单的制作，此款界面设计难度不大，希望用户通过该案例的学习，对下拉菜单的制作规范有一定了解。

色彩分析：

　　这款界面是基于 Android 6.0 系统的，一切均遵循 Android 6.0 的界面规则，中规中矩，使用基本的白色为主色，文本颜色为黑色，保证用户体验的同时，又不影响用户视觉感受。

RGB(255、255、255)　　　　RGB(0、0、0)

01 执行"文件 > 打开"命令，打开素材图像"素材 \ 第 5 章 \56401.png"并拖入到画布中，如图 5-282 所示。单击工具箱中的"圆角矩形工具"按钮，设置颜色 RGB(249、249、249)，在画布中创建如图 5-283 所示的矩形。

图 5-282

图 5-283

02 单击工具箱中的"自定义形状工具"按钮，设置颜色 RGB(83、83、83)，在画布中创建如图 5-284 所示的形状。使用相同的方法完成相似内容的制作，如图 5-285 所示。

图 5-284   图 5-285

 该步骤中的话筒图标是通过"圆角矩形工具"和"钢笔工具"共同绘制完成的，这里不再详细赘述，用户通过多加练习就能得到和图中相同的效果。

03 单击工具箱中的"横排文字工具"按钮，设置如图5-286所示的参数，在画布中输入如图5-287所示的文字。

图 5-286   图 5-287

04 单击工具箱中的"直线工具"按钮，设置颜色 RGB(99、99、99)，在画布中创建如图 5-288 所示的直线。使用相同的方法完成其他内容的制作，如图 5-289 所示。

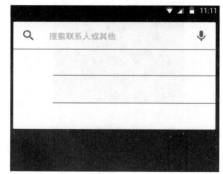

图 5-288   图 5-289

05 执行"文件 > 打开"命令，打开素材图像"素材 \ 第 5 章 \56402.png"并拖入到画布中，如图 5-290 所示。使用相同的方法完成其他内容的制作，如图 5-291 所示。

图 5-290

图 5-291

06 执行"文件 > 打开"命令，打开素材图像"素材 \ 第 5 章 \56403.png"并拖入到画布中，如图 5-292 所示。执行"编辑 > 自由变换路径"命令，调整箭头形状，如图 5-293 所示。

图 5-292

图 5-293

07 使用相同的方法完成相似内容的制作，如图 5-294 所示。单击工具箱中的"横排文字工具"按钮，在画布中输入如图 5-295 所示的文字。

08 完成下拉菜单的制作，效果如图 5-296 所示，"图层"面板如图 5-297 所示。

图 5-294

图 5-295

图 5-296

图 5-297

5.6.5 按钮

按钮可以包含文本和图片，并且明确地表明了当用户触摸时会触发的操作。合适的图标和文本可以相得益彰，使得按钮的操作更加明晰。

文本：通过明确的图片，使得仅包含图标的按钮也很容易理解，如图 5-298 所示。

图片：如果操作难以通过图片表示，或者该操作很重要，不能有任何歧义时，仅包含文本的按钮是不错的选择，如图 5-299 所示。

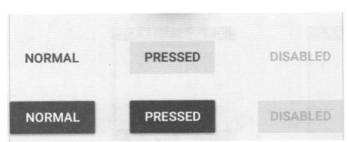

图 5-298　　　　　　　　　　　　　　　　　　图 5-299

颜色饱满的图标应当是功能性的，尽量避免把它们作为纯粹装饰用的元素。主要的按钮有如下 3 种。

悬浮响应按钮：单击后会产生墨水扩散效果的圆形按钮。

浮动按钮：常见的方形纸片按钮，单击后会产生墨水扩散效果。

扁平按钮：单击后产生墨水扩散效果，和浮动按钮的区别是没有浮起的效果。

对于包含文本的按钮，也不需要背景色。为了提示用户点击，可以使用清晰的文本说明和不同的颜色、格式。如果一定要选择带有背景色的按钮，要仔细斟酌。因为这种按钮看起来比较沉重，一个屏幕上最好就放一到两个。它们比较适合以下情况。

- 用户一定需要使用的操作。
- 非常重要的操作。
- 对用户有很大影响的操作。

浮动操作按钮适用于进阶的操作。它是漂浮在 UI 上的一个圆形图标，具有一些动态的效果，比如变形、弹出、位移等。

浮动操作按钮有默认尺寸和迷你尺寸两种尺寸。

默认尺寸：适用于多数应用情况，如图 5-300 所示。

迷你尺寸：仅用于创建与其他屏幕元素视觉的连续性，如图 5-301 所示。

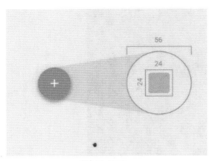

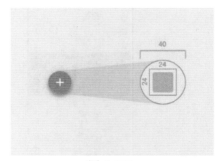

图 5-300　　　　　　　　　　　　　　　　　　图 5-301

提示　浮动操作按钮应至少放在距手机边缘 16dp 或电脑 / 台式机边缘 24dp 的地方。

不是每个屏幕都需要浮动操作按钮，一个浮动操作按钮能够代表这个 APP 中的主要操作，如图 5-302 所示。一个屏幕只推荐使用一个浮动操作按钮来增加其显著性，它应该只代表最常见的操作。

图 5-302

提示　浮动操作按钮可在按下时或从滚动工具栏转换为工具栏。工具栏可以包含相关的操作、文本和搜索方面功能，或者任何手边有用的部件。
浮动操作按钮可在按下时将相关动作实现。按钮在菜单被调用后应仍保留在屏幕上。单击同一点应能够激活最常用的操作或关闭已打开的菜单。

案例 40　制作微信个人信息界面

教学视频：视频 \ 第 5 章 \5-6-5.mp4　　　源文件：源文件 \ 第 5 章 \5-6-5.psd

案例分析：

这是一款基于 Android 6.0 基础的微信个人信息界面，此款界面设计难度不大，主要帮助用户了解按钮设计，需要用户熟知按钮的制作方法。

色彩分析：

这款界面以白色作为主色，搭配绿色和黄色的辅色，文字为黑色，界面简洁，色彩搭配合理，视觉效果突出。

RGB(255、255、255)　　RGB(254、221、67)　　RGB(69、192、26)

01 执行"文件 > 新建"命令，设置弹出的"新建"对话框中各项参数如图 5-303 所示。单击工具箱中的"矩形工具"按钮，在画布中创建任意颜色的矩形，如图 5-304 所示。

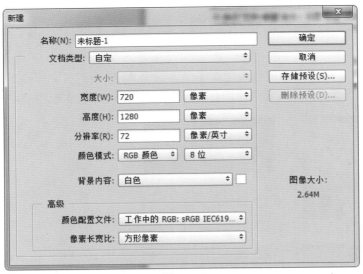

图 5-303　　　　　　　　　　　　　　　　图 5-304

02 执行"文件 > 打开"命令，打开素材图像"素材 \ 第 5 章 \56501.png"并拖入到画布中，如图 5-305 所示。选中"图层 1"图层，单击鼠标右键为图层创建剪贴蒙版，"图层"面板如图 5-306 所示。

图 5-305　　　　　　　　　　　　　　　图 5-306

03 执行"文件 > 打开"命令，打开素材图像"素材 \ 第 5 章 \55402.png"并拖入到画布中，如图 5-307 所示。单击工具箱中的"自定义形状工具"按钮，设置颜色 RGB(83、83、83)，在画布中创建如图 5-308 所示的形状。

图 5-307　　　　　　　　　　　　　　图 5-308

04 使用相同的方法完成相似内容的制作，如图 5-309 所示。单击工具箱中的"横排文字工具"按钮，在画布中输入如图 5-310 所示的文字。

图 5-309　　　　　　　　　　　　　图 5-310

 该步骤中右侧的按钮是通过使用"圆角矩形工具"绘制并合理排布制作完成的，这里不再详细赘述，用户通过多加练习就能得到和图中相同的效果。

05 使用相同的方法完成相似内容的制作，如图 5-311 所示。单击工具箱中的"椭圆工具"按钮，设置颜色 RGB(254、221、67)，在画布中创建如图 5-312 所示的圆形。

图 5-311　　　　　　　　　　　　　图 5-312

06 单击"图层"面板底部的"添加图层样式"按钮，在弹出的"图层样式"对话框中选择"投影"选项，设置如图 5-313 所示的参数。复制"椭圆 1"图层，得到"椭圆 1 拷贝"图层，单击"图层"面板底部的"添加图层样式"按钮，在弹出的"图层样式"对话框中选择"描边"选项，设置如图 5-314所示的参数。

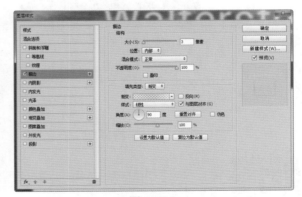

图 5-313　　　　　　　　　　　　　图 5-314

07 设置该图层的"不透明度"为 50%、"填充"为 0%，效果如图 5-315 所示，使用相同的方法完成其他内容的制作，如图 5-316 所示。

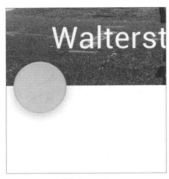 

图 5-315　　　　　　　　　　　　图 5-316

08 ✔　执行"文件 > 打开"命令，打开素材图像"素材 \ 第 5 章 \56502.png"并拖入到画布中，如图 5-317 所示。将相关图层编组，重命名为"个人信息"，"图层"面板如图 5-318 所示。

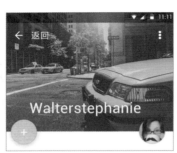 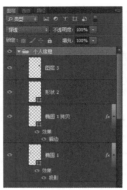

图 5-317　　　　　　　　　　　　图 5-318

09 ✔　使用相同的方法完成其他内容的制作，效果如图 5-319 所示，"图层"面板如图 5-320 所示。

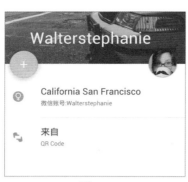 

图 5-319　　　　　　　　　　　　图 5-320

 本案例主要讲解按钮的制作，关于制作步骤，在之前的案例中已详细讲解过，此处不再赘述。

10 ✔　单击工具箱中的"圆角矩形工具"按钮，设置颜色 RGB(69、192、26)，设置圆角半径为 8 像素，在画布中创建如图 5-321 所示的圆角矩形。单击工具箱中的"横排文字工具"按钮，在画布中输入如图 5-322 所示的文字。

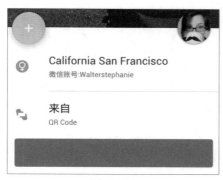

图 5-321　　　　　　　　　　　　　　图 5-322

11 单击工具箱中的"圆角矩形工具"按钮，设置颜色 RGB(241、241、241)，设置圆角半径为 8 像素，在画布中创建如图 5-323 所示的圆角矩形。单击"图层"面板底部的"添加图层样式"按钮，在弹出的"图层样式"对话框中选择"描边"选项，设置如图 5-324 所示的参数。

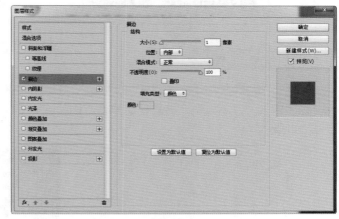

图 5-323　　　　　　　　　　　　　　图 5-324

12 继续选择"内阴影"选项，设置如图 5-325 所示的参数，单击工具箱中的"横排文字工具"按钮，在画布中输入如图 5-326 所示的文字。

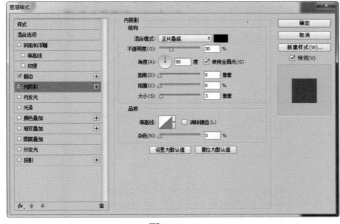

图 5-325　　　　　　　　　　　　　　图 5-326

13 执行"文件 > 打开"命令，打开素材图像"素材 \ 第 5 章 \56202.png"并拖入到画布中，如图 5-327 所示。完成界面的制作，最终界面效果如图 5-328 所示。

图 5-327　　　　　　　　　　　　　　图 5-328

5.6.6　文本框

文本框让用户在应用中输入文字。文本框支持单行和多行模式。触摸文本框后会自动显示光标和键盘。除了输入，文本框还支持其他的操作，例如选择（剪切、复制、粘贴）以及文字自动完成，如图 5-329 所示。

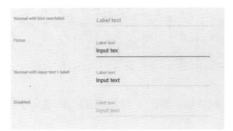

图 5-329

单行和多行模式：当文字输入超出边界后，单行文本框会自动向左边滚动，使最右边的文字一直能够显示。当文本长度超过文本框宽度时，多行文本框会自动换行，当行数超出文本框高度时，会自动向上滚动，使用户能够看到最后一行，如图 5-330 所示分别为单行和多行文字。

图 5-330

　　文本框类型：文本框有多种类型，例如数字、消息或邮箱地址。文本框类型决定了哪一种类型的字符可以输入该文本框，并且会自动显示最合适的虚拟键盘。

　　自动完成文本框：使用自动完成文本框时，它将会实时显示自动完成或者搜索结果，用户可以更容易和准确地输入内容。

　　文字的选择：用户可以通过长按文本框选择文字。这个操作会进入文本选择模式，这个模式提供对于选择的扩展以及对选中文字的操作，选择模式包括上下文操作栏和选择控制。上下文操作栏展示了可以对选中文字进行的操作，如剪切、复制和粘贴等。如果需要的话，还可以增加更多命令。选择控制可以让用户调整文字选择。

案例 41　制作 Android 文本框

教学视频：视频 \ 第 5 章 \5-6-6.mp4　　源文件：源文件 \ 第 5 章 \5-6-6.psd

案例分析：

　　这是一款暗色系的 Android 文本框，此款文本框设计难度不大，主要帮助用户了解文本框的设计，需要用户在日后的实际应用中活学活用。

色彩分析：

　　这款界面以暗绿色作为主色，文字为白色，强调色为红色，界面简洁，色彩搭配合理，视觉效果突出。

RGB（37、46、50）　　RGB（255、255、255）　RGB（120、49、47）

01 执行"文件 > 新建"命令，设置弹出的"新建"对话框中各项参数如图 5-331 所示。设置前景色 RGB(29、38、42)，为画布填充前景色，如图 5-332 所示。

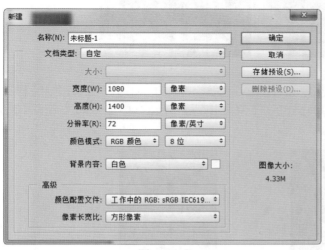

图 5-331

图 5-332

02 单击工具箱中的"横排文字工具"按钮，设置如图 5-333 所示的参数，在画布中输入如图 5-334 所示的文字。

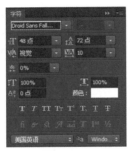

图 5-333   图 5-334

03 单击工具箱中的"直线工具"按钮，设置颜色 RGB(177、154、145)，设置线条粗细为 3 像素，在画布中创建直线，如图 5-335 所示。使用相同的方法制作其他内容，如图 5-336 所示。

图 5-335   图 5-336

04 单击工具箱中的"横排文字工具"按钮，在画布中输入如图 5-337 的文字。单击工具箱中的"直线工具"按钮，设置颜色 RGB(248、90、68)，设置线条粗细为 7 像素，在画布中创建直线，如图 5-338 所示。

图 5-337   图 5-338

05 单击工具箱中的"直线工具"按钮，设置颜色 RGB(248、90、68)，在画布中绘制三角形，如图 5-339 所示。单击工具箱中的"横排文字工具"按钮，在画布中输入如图 5-340 所示的文字。

图 5-339   图 5-340

06 使用相同的方法完成其他内容的制作，如图 5-341 所示，最终效果如图 5-342 所示。

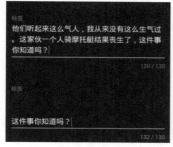

图 5-341　　　　　　　　　　　　　　图 5-342

5.6.7　对话框

通过对话框可让用户做出决定或者填写一些信息，以完成任务。对话框的形式可以是简单的取消/确定或者是复杂一点的例如调整设置或者输入文字，如图 5-343 所示。

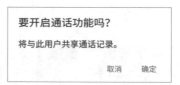

图 5-343

对话框标题：对话框的标题是可选的，用于说明对话的类型，可以是与之相关的程序名，或者是选择后会影响到的内容，如图 5-344 所示。例如，设置对话框标题应该作为对话框的一部分被整体地显示出来。

对话框内容：对话框的内容是变化多样的。但是通常情况下由文本 和（或）其他 UI 元素组成的，并且主要是用于聚焦于某个任务或者是某个步骤，如图 5-345 所示。例如说"确认"、"删除"或选择某个选项。

图 5-344　　　　　　　　　　　　　　图 5-345

滚动：尽量保持对话框里面的内容不需要滚动，如果滚动的内容太多了，那么可以考虑使用其他的容器或者是呈现方式。然而，如果内容是滚动的，那么可以使用较明显的方式来提示用户，如说被让文字或者是控件露一截出来，如图 5-346 所示。

图 5-346

提示框焦点：提示框的焦点是整个屏幕。提示框在关闭前或者是用户选择了一个事件（例如说选择了一个选项）前都会持有焦点。

警告对话框用于在执行下一步操作前请求用户确认或者提示用户当前的状态。由于内容的不同，警告对话框的布局会有些不同。

没有标题栏的警告对话框：大多数警告对话框不需要标题栏。因为通常情况下很难通过一两句话说明白。内容区应当是一个问句或者是一个与操作明显相关的陈述句，如图 5-347 所示。

有标题栏的警告对话框：谨慎地使用带有标题栏的警告对话框。仅在有可能引起数据丢失、链接断开、收费等高风险的操作时才使用，并且标题应当是一个明确的问题，内容区提供一些解释，如图 5-348 所示。

图 5-347　　　　　　　　　　　　　　图 5-348

案例 42　制作 Android 对话框
教学视频：视频 \ 第 5 章 \5-6-7.mp4　　源文件：源文件 \ 第 5 章 \5-6-7.psd

案例分析：
　　这是一款 Android 的对话框，此款界面设计简单，主要让用户对对话框的制作规范有一定了解，并在日后多运用、多思考。

色彩分析：
　　这款界面以白色作为主色，文字为黑色，强调色为褐色，界面简洁，图文搭配合理，效果突出。

RGB（0、0、0）　　RGB（255、255、255　　RGB（176、157、155）

保持问题和解释简短明确，不使用道歉语句。用户应当能够不看内容，只通过标题和下面的操作按钮做出决定，如图 5-349 所示。

图 5-349

01 执行"文件 > 新建"命令，设置弹出的"新建"对话框中各项参数如图 5-350 所示。单击工具箱中的"圆角矩形工具"按钮，设置颜色为白色、圆角半径为 8 像素，绘制圆角矩形，如图 5-351 所示。

02 单击"图层"面板底部的"添加图层样式"按钮，在弹出的"图层样式"对话框中选择"投影"选项，设置如图 5-352 所示的参数。执行"文件 > 打开"命令，打开素材图像"素材 \ 第 5 章 \56701.png"并拖入到画布中，如图 5-353 所示。

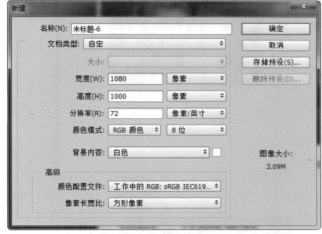

图 5-350

图 5-351

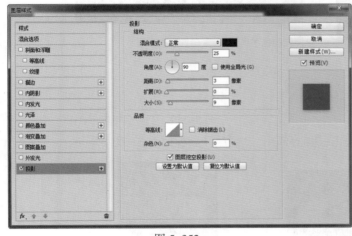

图 5-352

图 5-353

03 选中"图层 1"图层，单击鼠标右键为图层创建剪贴蒙版，效果如图 5-354 所示，"图层"面板如图 5-355 所示。

图 5-354   图 5-355

04 单击工具箱中的"横排文字工具"按钮，设置如图 5-356 所示的参数，在画布中输入如图 5-357 的文字。

图 5-356   图 5-357

05 使用相同的方法完成其他内容的制作，效果如图 5-358 所示。单击工具箱中的"直线工具"按钮，设置颜色 RGB(220、220、220)，设置线条粗细为 3 像素，在画布中创建直线，如图 5-359 所示。

图 5-358   图 5-359

06 完成对话框的制作，最终效果如图 5-360 所示，"图层"面板如图 5-361 所示。

图 5-360   图 5-361

5.6.8　滑块

可以通过在连续或间断的区间内滑动锚点来选择一个合适的数值。区间最小值放在左边，相对应的最大值放在右边。滑块 (Sliders) 可以在滑动条的左右两端设定图标来反映数值的强度。这种交互特性使得它在设置诸如音量、亮度、色彩饱和度等需要反映强度等级的选项时成为一种极好的选择，如图 5-362 所示。

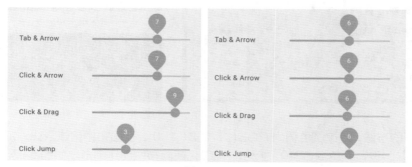

图 5-362

滑块根据其滑动方式可以分为连续滑块和间续滑块。

连续滑块：在不要求精准、以主观感觉为主的设置中使用连续滑块，让使用者做出更有意义的调整。

间续滑块：间续滑块会恰好咬合到在滑动条上平均分布的间续标记 (tick mark) 上。在要求精准、以客观设定为主的设置项中使用间续滑块，让使用者做出更有意义的调整。应当对每个间续标记 (tick mark) 设定一定的等级区间进行分割，使得其调整效果对于使用者来说显而易见。这些生成区间的值应当是预先设定好的，使用者不可对其进行编辑。

 带有可编辑数值的滑块，主要用于使用者需要设定精确数值的设置项，可以通过点触缩略图、文本框来进行编辑。

案例 43　**制作 Android 闹钟声音滑块**

教学视频：视频 \ 第 5 章 \5-6-8.mp4　　　源文件：源文件 \ 第 5 章 \5-6-8.psd

案例分析：

这是一款Android的闹钟声音滑块，此款界面设计简单，主要帮助用户了解滑块的设计，难点在于闹钟图标的绘制，需要用户有一定的技巧。

色彩分析：

这款声音滑块设计中图标为灰色，强调色为绿色，滑块设计简洁明了，效果突出。

RGB（193、193、193）　　RGB（0、167、159）

01 ⬇ 执行 "文件 > 新建" 命令，设置弹出的 "新建" 对话框中各项参数如图 5-363 所示。单击工具箱中的 "直线工具" 按钮，设置颜色 RGB(130、130、130)，设置线条粗细为 3 像素，在画布中创建直线，如图 5-364 所示。

图 5-363   图 5-364

02 使用相同的方法，更改颜色值为 RGB(0、158、150)，在画布中创建直线，如图 5-365 所示。使用"椭圆工具"，设置颜色 RGB(0、158、150)，在画布中创建圆形，如图 5-366 所示。

图 5-365   图 5-366

 在绘制椭圆时，按住 Shift 键可以绘制正圆形，按住 Alt 键可以使圆形从中心绘制。

03 单击工具箱中的"椭圆工具"按钮，设置描边颜色为 RGB(0、158、150)，设置描边宽度为 3 像素，在画布中创建圆环，如图 5-367 所示。单击工具箱中的"直线工具"按钮，设置颜色 RGB(130、130、130)，设置线条粗细为 3 像素，在画布中创建直线，如图 5-368 所示。

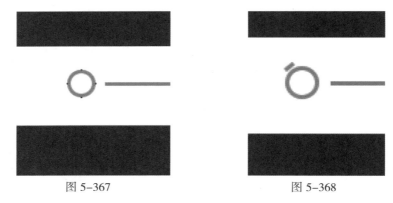

图 5-367   图 5-368

04 ✓　使用相同的方法完成相似内容的制作，如图 5-369 所示。继续使用"直线工具"，更改线条粗细为 2 像素，在画布中创建直线，如图 5-370 所示。

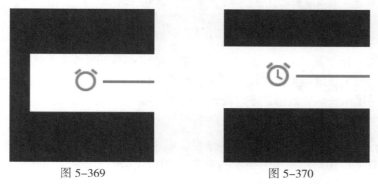

图 5-369　　　　　　　　　　　　　　　　图 5-370

05 ✓　完成滑块的制作，效果如图 5-371 所示，"图层"面板如图 5-372 所示。

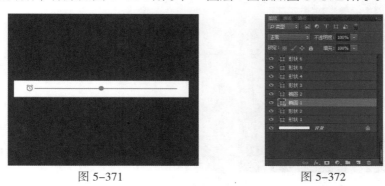

图 5-371　　　　　　　　　　　　　　　　图 5-372

5.6.9　进度和动态

在用户查看并与内容进行交互之前，尽可能地减少视觉上的变化，尽量使应用加载过程令人愉快。每次操作只能由一个活动指示器呈现，例如，对于刷新操作，不能既用刷新条，又用动态圆圈来指示，如图 5-373 所示为线性进度条的效果。

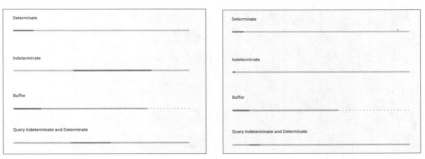

图 5-373

1. 指示器类型

在操作中，对于完成部分可以确定的情况下，使用确定的指示器能让用户对某个操作所需要的时间有快速的了解。

在操作中，对于完成部分不确定的情况下，用户需要等待一定的时间，无须告知用户后台的情况以及所需时间，这时可以使用不确定的指示器。

指示器的类型有两种：线形进度指示器和圆形进度指示器，可以使用其中任何一项
来指示确定性和不确定性的操作。

2. 线形进度指示器

线形进度指示器应始终从 0% ~ 100% 显示，绝不能从高到低反着来。如果一个队列里有多个正
在进行的操作，使用一个进度指示器来指示整体的所需要等待的时间。这样，当指示器达到 100% 时，
它不会返回到 0% 再重新开始。线形进度条应该放置在页眉或某块区域的边缘，如图 5-374 所示。

3. 圆形加载指示器

圆形的加载指示器通常用来表示不确定的情况，用于表示无法确定完成时间的进度。圆形加载指
示器可以是单独存在的，也可以与其他有趣的图标一起搭配使用，如图 5-375 所示。

图 5-374

图 5-375

加载阶段可分为单阶段加载和双阶段加载，下面为用户介绍在不同状态下的加载指示器效果，如
图 5-376 所示。

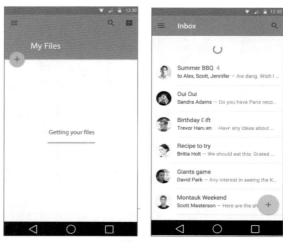

图 5-376

 当卡片可以在较大的表面上扩展时，例如桌面，这时推荐使用不确定的线形进度指
示器。当从下方刷新列表时，推荐使用不确定的圆形进度指示器来触发内容的加载。
当从上方刷新列表时，推荐使用不确定的圆形进度指示器来触发内容的加载。

<table>
<tr><td>案例
44</td><td colspan="2">制作 Android 音乐播放器
教学视频：视频 \ 第 5 章 \5-6-9.mp4　　源文件：源文件 \ 第 5 章 \5-6-9.psd</td></tr>
</table>

案例分析：

　　这是一款 Android 自带播放器，此款界面设计简单，主要帮助用户了解进度条的制作，如何排布界面元素是界面是否美观的重要标准之一。

色彩分析：

　　这款界面以蓝色为主色，点缀黄色的按钮以及白色小图标，界面典雅不失灵活，朴素不失灵动。

RGB(0、255、255)　　RGB(254、221、67)　　RGB(255、255、255)

01 执行"文件 > 新建"命令，设置弹出的"新建"对话框中各项参数如图 5-377 所示。单击工具箱中的"矩形工具"按钮，在画布中创建任意颜色的矩形，如图 5-378 所示。

图 5-377

图 5-378

02 执行"文件 > 打开"命令，打开素材图像"素材 \ 第 5 章 \56901.png"并拖入到画布中，如图 5-379 所示。选择"图层 2"图层，单击鼠标右键为图层创建剪贴蒙版，"图层"面板如图 5-380 所示。

图 5-379

图 5-380

03 ✔ 执行"文件 > 打开"命令，打开素材图像"素材 \ 第 5 章 \55402.png"并拖入到画布中，如图 5-381 所示。单击工具箱中的"横排文字工具"按钮，在画布中输入如图 5-382 所示的文字。

图 5-381   图 5-382

04 ✔ 执行"文件 > 打开"命令，打开素材图像"素材 \ 第 5 章 \56201.png"并拖入到画布中，如图 5-383 所示。将相关图层编组，重命名为"顶部"，"图层"面板如图 5-384 所示。

图 5-383   图 5-384

 提示   关于顶部状态栏和黄色按钮的制作，在之前的案例中已详细介绍，此处不再赘述。

05 ✔ 单击工具箱中的"矩形工具"按钮，设置颜色 RGB(0、255、255)，在画布中创建矩形，如图 5-385 所示。单击工具箱中的"横排文字工具"按钮，在画布中输入如图 5-386 所示的文字。

图 5-385   图 5-386

06 ✔ 单击工具箱中的"矩形工具"按钮，设置颜色 RGB(0、184、212)，在画布中创建矩形，如图 5-387 所示。单击工具箱中的"多边形工具"按钮，设置颜色为白色，在画布中创建三角形，如

图 5-388 所示。

图 5-387　　　　　　　　　　　　　图 5-388

07 ∨　使用相同的方法完成另一个三角形的制作，如图 5-389 所示。使用相同的方法制作其他两个控制按钮，如图 5-390 所示。

图 5-389　　　　　　　　　　　　　图 5-390

08 ∨　单击工具箱中的"直线工具"按钮，设置颜色 RGB(254、221、67)，设置线条粗细为 10 像素，在画布中创建直线，如图 5-391 所示。将相关图层编组，重命名为"主体"，"图层"面板如图 5-392 所示。

图 5-391　　　　　　　　　　　　　图 5-392

09 ∨　单击工具箱中的"横排文字工具"按钮，在画布中输入如图 5-393 所示的文字。执行"文件 > 打开"命令，打开素材图像"素材 \ 第 5 章 \56202.png"并拖入到画布中，如图 5-394 所示。

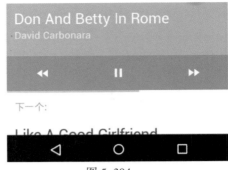

图 5-393 图 5-394

10 调整图层顺序，"图层"面板如图 5-395 所示，最终效果如图 5-396 所示。

图 5-395 图 5-396

提示

图层就像是含有文字或图形等元素的胶片，一张张按顺序叠放在一起，组合起来形成页面的最终效果。通过更改图层的排列顺序，可以更改相应图层中图像或文字的遮盖顺序，从而达到理想效果。

5.6.10 开关

开关允许用户选择选择项，一共有 3 种类型的开关：复选框、单选按钮和 On/Off 开关，如图 5-397 所示。

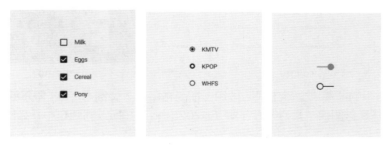

图 5-397

1. 复选框

复选框允许用户从一组选项中选择多个。如果需要在一个列表中出现多个 On/Off 选项，复选框是一种节省空间的好方式。如果只有一个 On/Off 选择，不要使用复选框，而应该替换成 On/Off 开关。通过主动将复选框换成勾选标记，可以使去掉勾选的操作变得更加明确且令人满意。复选框通过动画来表达聚焦和按下的状态，如图 5-398 所示为浅色系和深色系的复选框效果。

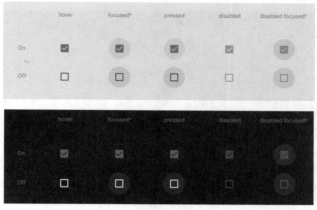

图 5-398

2. 单选按钮

单选按钮只允许用户从一组选项中选择一个。如果认为用户需要看到所有可用的选项并排显示，那么可以选择使用单选按钮。否则需要考虑相比显示全部选择更节省空间的下拉菜单。单选按钮通过动画来表达聚焦和按下的状态，如图 5-399 所示为浅色系和深色系的单选按钮效果。

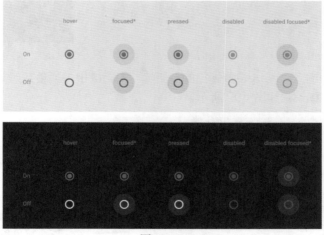

图 5-399

3. 开关

On/Off 开关切换单一设置选择的状态。开关控制的选项以及它的状态，应该明确地展示出来并且与内部的标签相一致。开关应该与单选按钮呈现相同的视觉特性。开关通过动画来传达被聚焦和被按下的状态。开关滑块上标明 On 和 Off 的做法被弃用，取而代之的是如图 5-400 所示的开关。

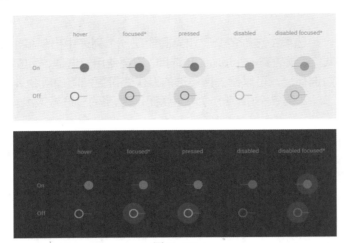

图 5-400

 仅在支持触屏操作的情况下，对在交互中被完全遮挡的元素使用外部径向扩张效果。桌面使用的是鼠标，用户不需要这个额外的指示。

案例 45

制作 Android 开关

教学视频：视频 \ 第 5 章 \5-6-10.mp4　　　源文件：源文件 \ 第 5 章 \5-6-10.psd

案例分析：

这是 Android 系统复选框、单选按钮和开关的制作，这 3 种开关设计简单，主要帮助用户了解开关的制作。

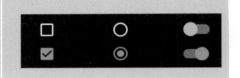

01 执行"文件 > 新建"命令，设置弹出的"新建"对话框中各项参数如图 5-401 所示。为"背景"图层填充黑色前景色，如图 5-402 所示。

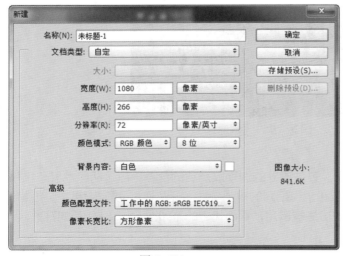

图 5-401

图 5-402

02 单击工具箱中的"圆角矩形工具"按钮，设置如图 5-403 所示的参数，在画布中创建圆角矩形。继续使用"圆角矩形工具"，设置如图 5-404 所示的参数，在画布中创建圆角矩形。

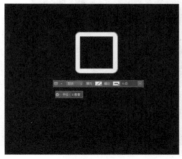

图 5-403

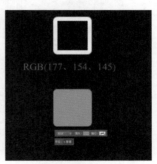

图 5-404

03 单击工具箱中的"钢笔工具"按钮，设置路径操作为"减去顶层形状"，在画布中创建如图 5-405 所示的形状。将相关图层编组，重命名为"复选框"，"图层"面板如图 5-406 所示。

图 5-405

图 5-406

04 单击工具箱中的"椭圆工具"按钮，设置如图 5-407 所示的参数，在画布中创建白色正圆形。使用相同的方法完成其他内容的制作，如图 5-408 所示。

图 5-407

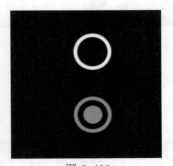

图 5-408

提示　制作镂空效果可以通过复制图层后等比例缩放制作，也可以使用路径操作中的"减去顶层形状"进行制作。

05 将相关图层编组，重命名为"单选按钮"，"图层"面板如图 5-409 所示。单击工具箱中的"圆角矩形工具"按钮，设置颜色 RGB(119、119、119)，设置圆角半径为 20 像素，在画布中创建如图 5-410 所示的圆角矩形。

图 5-409　　　　　　　　　　　　　　图 5-410

06 　单击工具箱中的"椭圆工具"按钮，设置颜色 RGB(201、201、201)，在画布中创建如图 5-411 所示的正圆形。单击"图层"面板底部的"添加图层样式"按钮，在弹出的"图层样式"对话框中选择"投影"选项，设置如图 5-412 所示的参数。

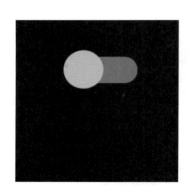

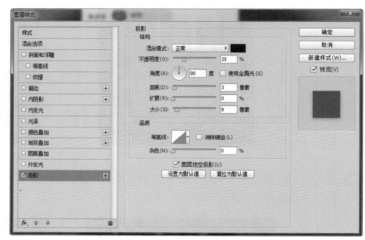

图 5-411　　　　　　　　　　　　　　　　　图 5-412

07 　使用相同的方法完成其他内容的制作，如图 5-413 所示。将相关图层编组，重命名为"开关"，"图层"面板如图 5-414 所示。

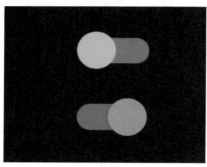

图 5-413　　　　　　　　　　　　　　图 5-414

5.6.11　分割线

分割线主要用于管理、分隔列表和页面布局内的内容，以便让内容生成更好的视觉效果及空间感。分割线是一种弱规则，弱到不会去打扰到用户对内容的关注。

1. 没有锚点的分割线

当在列表中没有像头像或者是图标之类的锚点元素时，单靠空格并不足以用来区分每个数据项。这种情况下使用一个等屏宽的分割线就会帮助区别开每个数据项目，使其看起来更独立、更有韵味，如图 5-415 所示。

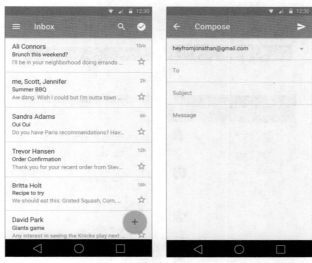

图 5-415

2. 基于图片内容的分割线

由于网格列表本身属性而造成的视觉效果，这就导致在网格列表中是不需要分割线来区别子标题与内容的。在这种情况下，子标题与内容间的空白区域就可以分隔每块的内容了，如图 5-416 所示。

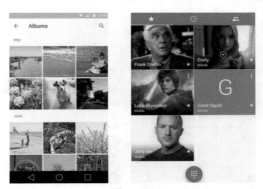

图 5-416

3. 等屏宽分割线

等屏宽分割线可以用于分隔列表中的每个数据项或者是页面布局中的不同类型的内容，如图 5-417 所示。

4. 内凹分割线

在有锚点元素并且有关键字的标题列中，可以使用内凹分割线，如图 5-418 所示。

图 5-417

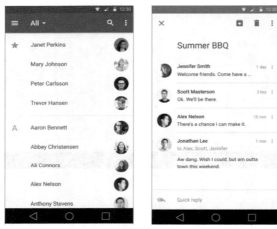

图 5-418

5. 子标题分割线

在使用分隔的子标题时，可以将分割线置于子标题之上，以加强子标题与内容的关联度，如图 5-419 所示。

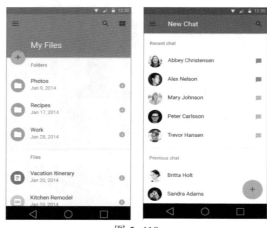

图 5-419

5.6.12　工具提示

对同时满足具有交互性主要是图形而非文本的元素使用工具提示，如图 5-420 所示。

图 5-420

 工具提示不同于悬浮卡片，后者用来显示图片和格式化的文本等更为丰富的信息。工具提示也不同于 ALT 属性，后者用来提示静态图片的主旨。

5.6.13　图标

图标是一种视觉语言，就是一个表示屏幕内容并为操作、状态和应用提供第一印象的小幅图片，能够简洁、显眼且友好地传递产品的核心理念与内涵。如图 5-421 所示为 Android 6.0 中的系统图标。

图 5-421

1. 启动图标

启动图标在"主屏幕"和"所有应用"中代表手机上的应用。用户可以设置"主屏幕"的壁纸，但要确保启动图标在任何背景上都清晰可见，如图 5-422 所示。

图 5-422

案例 46 制作 Android 启动图标
教学视频：视频 \ 第 5 章 \5-6-13.mp4　　源文件：源文件 \ 第 5 章 \5-6-13.psd

案例分析：

本案例将制作 Android 启动图标，这类启动图标以扁平化为基础，加以巧妙构思制作而成，主要帮助用户了解启动图标的制作方法。

01 执行"文件 > 新建"命令，设置弹出的"新建"对话框中各项参数如图 5-423 所示。为"背景"图层填充 RGB(201、201、201) 的前景色，如图 5-424 所示。

图 5-423

图 5-424

02 单击工具箱中的"圆角矩形工具"按钮，设置颜色 RGB(255、254、249) 并设置圆角半径为 20 像素，绘制如图 5-425 所示的圆角矩形。单击工具箱中的"多边形工具"按钮，设置颜色 RGB(204、204、190)，绘制如图 5-426 所示的三角形。

图 5-425

图 5-426

03 选中"多边形 1"图层，单击鼠标右键为该图层创建剪贴蒙版，"图层"面板如图 5-427 所示。使用"圆角矩形工具"，设置颜色 RGB(237、67、53)，绘制如图 5-428 所示的矩形。

图 5-427

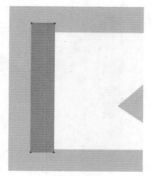

图 5-428

04 ⌄　使用"直接选择工具"选中矩形锚点并拖动锚点，效果如图 5-429 所示。选中"矩形 1"图层，
单击鼠标右键为该图层创建剪贴蒙版，效果如图 5-430 所示。

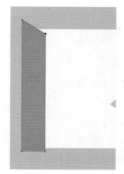

图 5-429

图 5-430

　　"直接选择工具"的主要功能是单击后选择的是元件，并且可以拖动元件的锚点进行
形状的编辑。

05 ⌄　使用相同的方法完成相似内容的制作，如图 5-431 所示。单击工具箱中的"直线工具"按钮，
设置颜色 RGB(206、203、188)，并设置线条粗细为 10 像素，在画布中绘制如图 5-432 所示
的直线。

图 5-431

图 5-432

06 ⌄　使用"直接选择工具"选中矩形锚点并拖动锚点，效果如图 5-433 所示。将相关图层编组，"图
层"面板如图 5-434 所示。

图 5-433　　　　　　　　　　　图 5-434

07 ⏬ 选中"组 1"图层组，单击"图层"面板底部的"添加图层样式"按钮，在弹出的"图层样式"对话框中选择"内阴影"选项，设置如图 5-435 所示的参数。继续选择"投影"选项，设置如图 5-436 所示的参数。

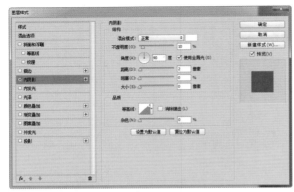

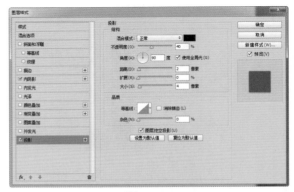

图 5-435　　　　　　　　　　　　　　图 5-436

08 ⏬ 完成图标的制作，最终效果如图 5-437 所示，"图层"面板如图 5-438 所示。

图 5-437　　　　　　　　　　　图 5-438

2. 系统图标

系统图标或者 UI 界面中的图标代表命令、文件、设备或者目录。系统图标也被用来表示一些常见功能，例如清空垃圾桶、打印或者保存，如图 5-439 所示。系统图标的设计要简洁友好，有时尚感，有时候也可以设计得古怪、幽默一点。要把很多含义精简到一个很简化的图标上表达出来，当然要保证在这么小的尺寸下，图标的意义仍然是清晰易懂。

图 5-439

　　执行"文件 > 新建"命令，新建一个空白画布，单击工具箱中的"圆角矩形工具"按钮，设置颜色为 RGB(46、55、59)，并设置圆角半径为 60 像素，绘制如图 5-440 所示的圆角矩形。使用"删除锚点工具"和"转换点工具"，更改圆角矩形形状，如图 5-441 所示。

图 5-440　　　　　　　　　　　　　　　图 5-441

　　单击工具箱中的"矩形工具"按钮，设置颜色为 RGB(46、55、59)，绘制如图 5-442 所示的矩形。使用"添加锚点工具"和"直接选择工具"对矩形进行变形操作，如图 5-443 所示。

图 5-442　　　　　　　　　　　　　　　图 5-443

　　系统图标的绘制有以下几点需要特别注意，包括角、笔触、留白和视觉校正等。

　　角：一致的圆角半径（2 像素）是统一全系列系统图标的关键，图标内部的角应为直角，如图 5-444 所示。

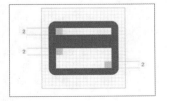

图 5-444

笔触：一致的画笔宽度（2 像素）也是统一全系列系统图标的关键，在内外部的边角上保持使用 2 像素的宽度，如图 5-445 所示。

图 5-445

留白：为了可读性和触摸操作的需要，图标周围可以留有一定的空白区域，如图 5-446 所示。

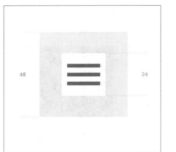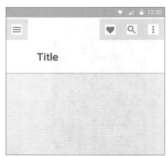

图 5-446

视觉校正：极端情况下必要的校正能够增加图标的清晰度。如有必要，需与其他图标保持一致的几何形状，不要加以扭曲，如图 5-447 所示。

图 5-447

3. 设计原则

一个简洁的黑体图形在采用对称一致的设计时，一样能够拥有独一无二的品质。图 5-448 中展示了一些黑体的几何形状。

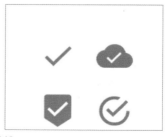

图 5-448

4. 网格、比例和大小

图标网格是所有图标的基准网格，并且具有特定的组成和比例。图标由一些对齐图标网格的平面几何形状组成。基本的平面几何形状有 4 种，具有特定尺寸以保证所有图标有一致的视觉感和比例，如图 5-449 所示。

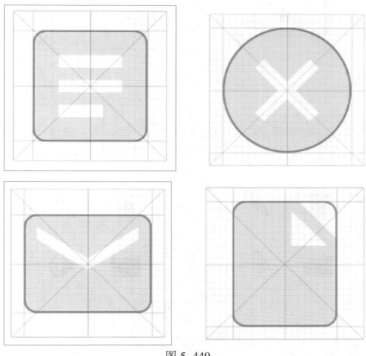

图 5-449

 两种形状相同、尺寸不同的图标集可在状态栏、上下文图标集、操作栏和桌面图标集中使用。

5. 圆角

正方形和矩形都应该添加圆角，也可以同时使用圆角和尖角，这样更具凸凹感。所有由笔画或线条组成的图标都有尖角，如图 5-450 所示。

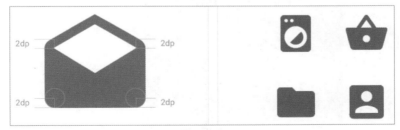

图 5-450

每一个尺寸的系统图标集使用不同大小的圆角以保证视觉的一致性，如图 5-451 所示。

图 5-451

6. 一致性

一致性非常重要，尽可能使用系统中提供的图标，在不同的 APP 中也一样，如图 5-452 所示。

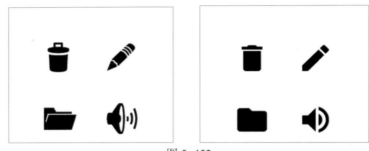

图 5-452

5.7   总结扩展

通过本章的学习，希望用户对 Android 6.0 系统界面的设计有初步认识，为日后 APP 设计打下坚实基础。

5.7.1　本章小结

本章主要讲解了 Android 系统的设计元素、Android UI 概览、设计颜色，还讲解了 Android 界面的设计风格，以及 Android 基础形状设计和控件设计。用户要熟悉掌握 Android UI 设计的特点和规范，还有控件的分类及设计规范。

5.7.2　课后练习——制作 Android 拨号界面

实战

制作 Android 拨号界面

教学视频：视频 \ 第 5 章 \5-7-2.mp4　　　源文件：源文件 \ 第 5 章 \5-7-2.psd

案例分析：

　　本案例将制作 Android 拨号界面，该界面以简洁和可辨识度高为基础，加以巧妙构思制作而成，主要帮助用户了解拨号界面的制作方法。

色彩分析：

　　这款界面以棕色作为主色，黄色作为辅色，文字颜色为白色和黑色，界面中规中矩，略显古朴的同时给人以清新明朗的感觉。

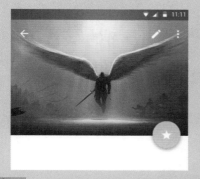

01 　新建文档，将相应图片导入文档中，使用相应工具绘制小图标。

02 　使用"钢笔工具"绘制小图标，并使用"文字工具"输入文字。

03 　使用相同的方法制作其他内容。

04 　将相应图层编组，完成界面的制作。

第 6 章 Android APP 应用实战

作为一款 APP，除了有美观的 UI 界面之外，合理的操作和行为模式也是必备的条件。本章通过实际操作帮助用户加深印象，使用户对 Android APP 的 UI 设计更加了解，在设计 APP 时需要遵循 Android 的界面规范和设计原则，在保证原则的基础上加入自己的思维，创造出新颖实用的 APP。

本章知识点
- ✓ Android APP 的设计规范
- ✓ 熟知 Android APP 的设计尺寸
- ✓ 对配色有一定程度的掌握
- ✓ 熟悉设计原则

6.1 Android APP 的设计规范

Android 界面尺寸包括 480×800 像素、720×1280 像素和 1080×1920 像素等，在设计 APP 时建议使用 1080×1920 像素的尺寸。这个尺寸显示完美并且看起来也较为清晰，切图后图片大小也适中，应用的内存消耗也不高。

6.1.1 Android APP 结构规范

Android 平台为用户提供了多种多样的 APP，APP 的应用程序结构会受到想展现给用户的内容和任务的影响。例如，应用程序可能包含专注于一个单一的活动、有限的导航，以及复杂数据视图和深度导航。

一款 APP 采用怎样的结构，主要取决于要为用户展示什么内容和任务。通常来说，一个典型的 Android APP 包括顶边栏、详情页和控制栏等。

所有组件都与间隔为 8dp 的基准网格对齐。排版 / 文字与间隔为 4dp 的基准网格对齐。在工具条中的图标同样与间隔为 4dp 的基准网格对齐。这些规则适用于移动设备、平板设备以及桌面应用程序，如图 6-1 所示。

图 6-1

6.1.2　Android APP 切图规范

Android 设计规范中单位是 dp，dp 在安卓机上不同的密度转换后的 px（像素）是不一样的，所以按照设计图的 px（像素）转换成 dp 也是不一样的，这个可以使用转换工具转换，开发一般会有，也有些开发会使用 px（像素）做单位，因为做了前期的转换工作。

6.1.3　Android APP 配色技巧

Material Design 是综合视觉设计、交互以及动态设计为一体的设计语言，应用开发需要遵循色彩原则。根据配色技巧，可将界面分为 4 个颜色区域，分别为原色、色彩突显、色原变暗和特殊标识区。

原色：它作为应用的主要色调，一般是操作栏和最近任务的背景色。

色彩突显：它是原色的强调色彩，应用在框架控制上。

色原变暗：原色的变暗色调，应用在状态栏上。

特殊标识区：一般应用在图标上。

6.2 ┃ 制作在线电影 APP 界面

如今，随着智能手机的功能越来越强大，使用手机观看视频已成为最普遍的现象，所以手机视频的界面设计也是非常重要的。接下来将制作在线电影 APP 界面分为 3 个部分进行详细介绍。

案例 47　制作在线电影 APP 1——状态栏

教学视频：视频 \ 第 6 章 \6-2-1.mp4　　源文件：源文件 \ 第 6 章 \6-2.psd

案例分析：

这是一款基于 Android 6.0 系统下的 APP 界面，它以简洁实用为基础，将扁平化运用到界面中。此款界面设计难度不大，本案例主要讲解状态栏的详细制作。

尺寸分析：

此款 APP 界面设定尺寸为 1080×1920 像素，状态栏的高度为 72 像素、宽度为 1080 像素。Android APP 界面尺寸各有不同，制作时需要依据手机分辨率进行制作。

01 执行"文件 > 新建"命令，设置弹出的"新建"对话框中各项参数如图 6-2 所示。单击工具

箱中的"矩形工具"按钮，设置颜色为黑色，在画布中创建如图 6-3 所示的矩形。

图 6-2   图 6-3

02 设置该图层"不透明度"为 50%，效果如图 6-4 所示。使用"钢笔工具"绘制如图 6-5 所示的路径。

图 6-4   图 6-5

 这里考验用户对"钢笔工具"的使用能力，使用"钢笔工具"绘制路径后，可以使用"添加锚点工具"和"删除锚点工具"对路径上的锚点进行修改。

03 将路径转换为选区并为选区填充白色，设置图层"不透明度"为 30%，如图 6-6 所示。使用相同的方法完成其他内容的制作，如图 6-7 所示。

图 6-6   图 6-7

04 使用"钢笔工具"绘制如图6-8所示的路径。将路径转换为选区并为选区填充白色,设置图层"不透明度"为30%,如图6-9所示。

图 6-8　　　　　　　　　　　　　　　　图 6-9

05 使用相同的方法完成其他内容的制作,如图6-10所示。选择"横排文字工具",并在"字符"面板中设置如图6-11所示的参数。

图 6-10　　　　　　　　　　　　　　　图 6-11

 电池图标的制作与之前的图标制作方法相同,只要依据制作其他图标的方法制作即可,此处不再赘述。

06 在画布中输入如图6-12所示的文字,将相关图层编组,完成状态栏的制作,最终效果如图6-13所示。

图 6-12　　　　　　　　　　　　　　　图 6-13

案例 48

制作在线电影 APP 2——选项栏

教学视频：视频 \ 第 6 章 \6-2-2.mp4　　源文件 \ 第 6 章 \6-2.psd

案例分析：

　　这是一款基于 Android 6.0 系统下的 APP 界面，它以简洁实用为基础，将扁平化运用到界面中。本案例主要讲解选项栏的详细制作方法。

尺寸分析：

　　此款 APP 界面设定尺寸为 1080×1920 像素，选项栏的高度为 168 像素、宽度为 1080 像素。

色彩分析：

　　此款 APP 界面的选项栏以红色作为主色调，搭配白色的文字，醒目而且典雅。

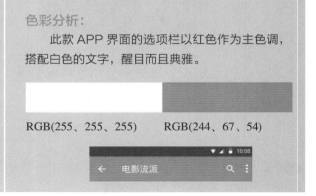

RGB(255、255、255)　　　RGB(244、67、54)

01 继续上一个案例，选择"矩形工具"，设置颜色 RGB(244、67、54)，在画布中创建如图 6-14 所示的矩形。选中"矩形 2"图层，单击"图层"面板底部的"添加图层样式"按钮，在弹出的"图层样式"对话框中选择"投影"选项，设置如图 6-15 所示的参数。

图 6-14

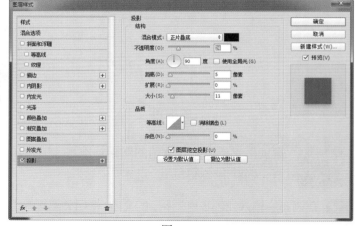

图 6-15

02 将"矩形 2"图层拖动至"状态栏"图层组下方，效果如图 6-16 所示。选择"直排文字工具"，设置如图 6-17 所示的参数。

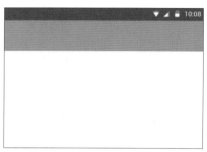

图 6-16

图 6-17

国内绝大部分安卓手机的默认字体都是 Droid Sans Fallback，是谷歌自己的字体，与微软雅黑很像。

03 在画布中输入如图 6-18 所示的文字。使用"钢笔工具"设置填充为白色，绘制如图 6-19 所示的形状。

图 6-18　　　　　　　　　　图 6-19

04 单击工具箱中的"椭圆工具"按钮，设置颜色为白色，在画布中创建如图 6-20 所示的圆形。使用"椭圆工具"，选择工具模式为"路径"，路径操作为"减去顶层形状"，绘制如图 6-21 所示的形状。

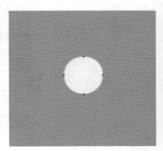

图 6-20　　　　　　　　　　图 6-21

05 单击工具箱中的"钢笔工具"按钮，设置填充为白色，绘制如图 6-22 所示的形状。单击工具箱中的"椭圆工具"按钮，设置颜色为白色，在画布中创建如图 6-23 所示的圆形。

图 6-22　　　　　　　　　　图 6-23

06 使用相同的方法完成相似内容的制作，如图 6-24 所示。将相关图层编组，完成选项栏的制作，如图 6-25 所示。

图 6-24   图 6-25

案例 49

制作在线电影 APP 3——主界面

教学视频：视频 \ 第 6 章 \6-2-3.mp4   源文件：源文件 \ 第 6 章 \6-2.psd

案例分析：

　　这是一款基于 Android 6.0 系统下的 APP 界面。本案例主要讲解主界面的详细制作过程。

尺寸分析：

　　此款 APP 界面设定尺寸为 1080×1920 像素，悬浮按钮的直径为 168 像素，操作栏高度为 146 像素。

色彩分析：

　　此款 APP 界面以图片作为背景，图与图之间自然形成的白色空隙作为分界线，搭配白色的文字和蓝色的按钮，可辨识性强并且醒目。

RGB(255、255、255)   RGB(0、183、238)

01 继续上一个案例，执行"视图 > 显示标尺"命令，显示标尺并拖出参考线，如图 6-26 所示。执行"文件 > 打开"命令，打开素材图像"素材 \ 第 6 章 \62001.png"并拖入到画布中，如图 6-27 所示。

图 6-26   图 6-27

提示 在制作手机 UI 时，标尺和参考线是很实用的工具，合理运用可以使界面的排布变得更加简洁。在制作完成后如果需要清除参考线，可以通过执行"视图 > 清除参考线"命令完成。

02 单击工具箱中的"矩形工具"按钮，设置颜色为黑色，在画布中创建如图 6-28 所示的矩形，设置图层"不透明度"为 20%，如图 6-29 所示。

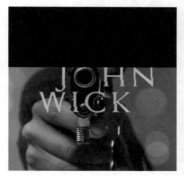
图 6-28

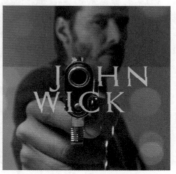
图 6-29

03 选择"横排文字工具"，设置如图 6-30 所示的参数，在画布中输入如图 6-31 所示的文字。

图 6-30

图 6-31

04 单击工具箱中的"椭圆工具"按钮，设置颜色为白色，在画布中创建如图 6-32 所示的圆形。使用相同的方法完成相似内容的制作，如图 6-33 所示。

图 6-32

图 6-33

05 将相关图层编组，重命名为"动作片"，"图层"面板如图 6-34 所示。使用相同的方法完成相似内容的制作，如图 6-35 所示。

图 6-34   图 6-35

06 单击工具箱中的"矩形工具"按钮，在画布中创建黑色的矩形，如图 6-36 所示。单击工具箱中的"椭圆工具"按钮，设置如图 6-37 所示的参数并设置描边颜色为白色，在画布中创建圆环。

图 6-36   图 6-37

07 使用相同的方法完成其他内容的制作，如图 6-38 所示。使用"椭圆工具"，设置颜色 RGB(0、183、238)，在画布中创建如图 6-39 所示的圆形。

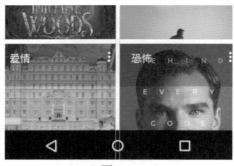

图 6-38   图 6-39

08 选中"椭圆 10"图层，单击"图层"面板底部的"添加图层样式"按钮，在弹出的"图层样式"对话框中选择"投影"选项，设置如图 6-40 所示的参数。选择"横排文字工具"，在画布中输入如图 6-41 所示的文字。

09 将相关图层编组，"图层"面板如图 6-42 所示，最终效果如图 6-43 所示。

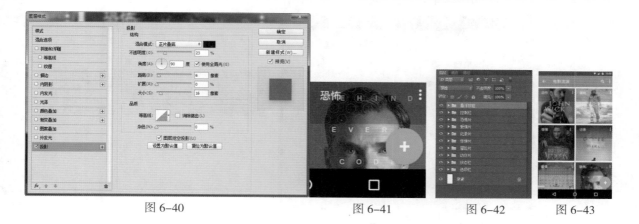

图 6-40　　　　　　　　　　图 6-41　　　图 6-42　　　图 6-43

6.3　制作记事本 APP

　　记事本是每款手机中必不可少的 APP 之一，在生活中提醒着人们容易忘记的一些事情，因此记事本的界面应本着清晰美观、一目了然的原则进行设计。

案例 50　制作记事本 APP

教学视频：视频 \ 第 6 章 \6-3.mp4　　　源文件：源文件 \ 第 6 章 \6-3.psd

案例分析：

　　这是一款基于 Android 6.0 系统下的 APP 界面，它以简洁实用为基础，利用多种基础色的色块，按照一定顺序排列组成该界面。

尺寸分析：

　　此款 APP 界面设定尺寸为 1080×1920 像素，悬浮按钮的直径为 168 像素，状态栏的高度为 72 像素，选项栏的高度为 168 像素，操作栏的高度为 146 像素。

色彩分析：

　　此款 APP 界面以多种颜色的色块作为主体，色块与色块之间自然形成的白色空隙作为分界线，搭配白色的文字和蓝色的按钮，复杂并不凌乱，并且突出了文字。

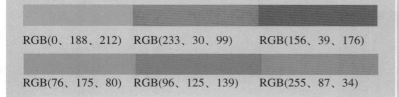

RGB(0、188、212)　　RGB(233、30、99)　　RGB(156、39、176)

RGB(76、175、80)　　RGB(96、125、139)　　RGB(255、87、34)

01 执行"文件 > 新建"命令，设置弹出的"新建"对话框中各项参数如图 6-44 所示。使用"矩形工具"，设置颜色 RGB(233、30、99)，在画布中创建如图 6-45 所示的矩形。

图 6-44　　　　　　　　　　　　　　　　　　　图 6-45

02 选中"矩形 1"图层，单击"图层"面板底部的"添加图层样式"按钮，在弹出的"图层样式"对话框中选择"投影"选项，设置如图 6-46 所示的参数。执行"文件 > 打开"命令，打开素材图像"素材 \ 第 6 章 \63001.png"并拖入到画布中，如图 6-47 所示。

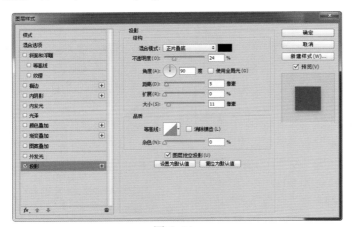

图 6-46　　　　　　　　　　　　　　　　　　　图 6-47

 在设置"投影"选项时，可以在"图层样式"对话框打开的前提下，直接在文档中进行拖动，以调整投影的距离和角度。

03 使用"直排文字工具"，设置如图 6-48 所示的参数，在画布中输入如图 6-49 所示的文字。

图 6-48　　　　　　　　　　　　　　　　　　　图 6-49

04 　使用"直线工具"，设置颜色为白色，设置线条粗细为 6 像素，在画布中创建如图 6-50 所示的直线。复制"形状 1"图层，得到"形状 1 拷贝"和"形状 1 拷贝 2"图层，调整位置如图 6-51 所示。

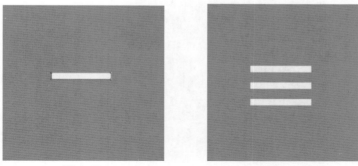

图 6-50　　　　　　　　　　　　　　　图 6-51

05 　使用相同的方法完成其他内容的制作，如图 6-52 所示。将相关图层编组，重命名为"顶部"，"图层"面板如图 6-53 所示。

图 6-52　　　　　　　　　　　　　　　图 6-53

06 　执行"视图＞显示标尺"命令，显示标尺并拖出参考线，如图 6-54 所示。使用"圆角矩形"工具，设置颜色 RGB(0、188、212)，设置圆角半径为 2 像素，在画布中绘制如图 6-55 所示的圆角矩形。

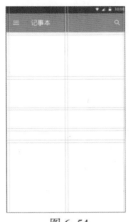

图 6-54　　　　　　　　　　　　　　　图 6-55

07 　选中"圆角矩形 1"图层，单击"图层"面板底部的"添加图层样式"按钮，在弹出的"图层样式"对话框中选择"投影"选项，设置如图 6-56 所示的参数。使用"直线工具"，设置颜色为黑色，设置线条粗细为 3 像素，在画布中创建如图 6-57 所示的直线。

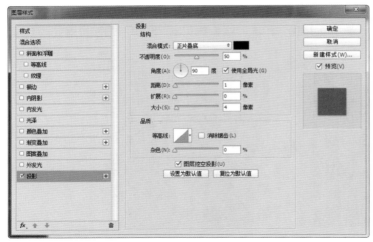

图 6-56 图 6-57

08 设置该图层"不透明度"为 10%，"图层"面板如图 6-58 所示。使用"钢笔工具"设置填充为白色，在画布中绘制如图 6-59 所示的形状。

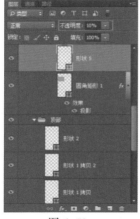

图 6-58 图 6-59

09 选择"直排文字工具"，设置如图 6-60 所示的参数。在画布中输入如图 6-61 所示的文字。

图 6-60 图 6-61

提示 选择"横排文字工具"或"直排文字工具"后，单击鼠标左键，插入输入点，然后按下快捷键 Ctrl+T，可快速打开"字符"面板。

10 ☑　使用相同的方法输入其他文字，如图 6-62 所示。将相关图层编组，重命名为"卡片 1"，"图层"面板如图 6-63 所示。

图 6-62

图 6-63

11 ☑　使用相同的方法绘制颜色 RGB(156、39、176) 的圆角矩形，如图 6-64 所示。单击工具箱中的"直线工具"按钮，设置颜色为黑色，设置线条粗细为 3 像素，在画布中创建直线，设置图层"不透明度"为 10%，如图 6-65 所示。

图 6-64

图 6-65

12 ☑　单击工具箱中的"直排文字工具"按钮，在画布中输入如图 6-66 所示的文字。单击工具箱中的"矩形工具"按钮，绘制如图 6-67 所示的形状。

图 6-66

图 6-67

13 ☑　使用相同的方法完成其他内容的制作，如图 6-68 所示。单击工具箱中的"椭圆工具"按钮，设置颜色为白色，在画布中绘制如图 6-69 所示的圆形。

图 6-68   图 6-69

14 使用"转换点工具"和"直接选择工具"绘制如图 6-70 所示的形状。单击工具箱中的"椭圆工具"按钮，选择工具模式为"形状"，路径操作为"减去顶层形状"，在画布中绘制如图 6-71 所示的圆形。

图 6-70   图 6-71

 选择"转换点工具"，可以更改选中锚点是圆角还是尖角。"直接选择工具"可以拖动选中的锚点，从而使图像拉伸变形，得到想要的形状。

15 使用相同的方法完成其他内容的制作，如图 6-72 所示。复制"圆角矩形 6"图层得到"圆角矩形 6 拷贝"图层，使用快捷键 Ctrl+T 调整图形，如图 6-73 所示。

图 6-72   图 6-73

16 执行"文件 > 打开"命令，打开素材图像"素材 \ 第 6 章 \63002.png"并拖入到画布中，如图 6-74 所示。为图层创建剪贴蒙版，"图层"面板如图 6-75 所示。

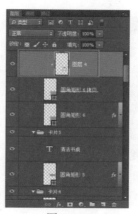

图 6-74　　　　　　　　　　　　　图 6-75

17 选择"直排文字工具"，设置如图 6-76 所示的参数。在画布中输入如图 6-77 所示的文字。

图 6-76　　　　　　　　　　　　　图 6-77

18 单击工具箱中的"椭圆工具"按钮，设置颜色 RGB(0、183、238)，在画布中创建如图 6-78 所示的圆形。选中"椭圆 10"图层，单击"图层"面板底部的"添加图层样式"按钮，在弹出的"图层样式"对话框中选择"投影"选项，设置如图 6-79 所示的参数。

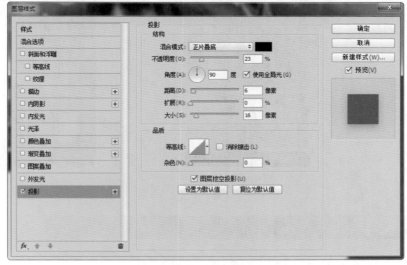

图 6-78　　　　　　　　　　　　　图 6-79

19 单击工具箱中的"横排文字工具"按钮，在画布中输入如图 6-80 所示的文字。单击工具箱中的"矩形工具"按钮，在画布中创建黑色的矩形，如图 6-81 所示。

图 6-80   图 6-81

20 单击工具箱中的"椭圆工具"按钮，设置描边颜色为白色，在画布中创建如图6-82所示的圆环。使用相同的方法完成其他内容的制作，如图6-83所示。

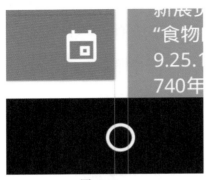

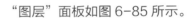

图 6-82   图 6-83

21 完成界面的制作，最终效果如图 6-84 所示，"图层"面板如图 6-85 所示。

图 6-84   图 6-85

6.4 制作音乐播放器界面

现如今在市面上涌现了越来越多的音乐播放器 APP，那么如何在众多音乐播放器中脱颖而出，其界面的设计就是至关重要的一环，接下来就简单介绍如何对音乐播放器界面进行制作。

案例 51　制作音乐播放器界面

教学视频：视频 \ 第 6 章 \6-4.mp4　　　源文件：源文件 \ 第 6 章 \6-4.psd

案例分析：

这是一款基于 Android 6.0 系统下的音乐播放器界面，它利用多组图片作为背景，按照一定顺序整齐排列组成该界面。

尺寸分析：

此款 APP 界面设定尺寸为 1080×1920 像素，状态栏的高度为 72 像素，操作栏的高度为 146 像素。

色彩分析：

此款 APP 界面以图片作为主体，色块与色块之间自然形成的白色空隙作为分界线，搭配颜色对比强的文字和橘色的播放按钮，复杂并不凌乱，而且突出了重点。

RGB(255、255、255)　RGB(0、0、0)　　　RGB(255、87、34)

01 ✔ 执行"文件 > 新建"命令，设置弹出的"新建"对话框中各项参数如图 6-86 所示。执行"文件 > 打开"命令，打开素材图像"素材 \ 第 6 章 \64001.png"并拖入到画布中，如图 6-87 所示。

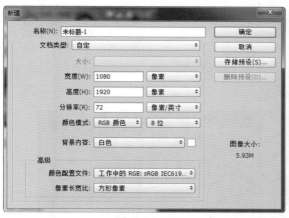

图 6-86

图 6-87

02 ✔ 选中"图层 1"图层，单击"图层"面板底部的"添加图层样式"按钮，在弹出的"图层样式"对话框中选择"颜色叠加"选项，设置如图 6-88 所示的参数。继续选择"投影"选项，设置如图 6-89 所示的参数。

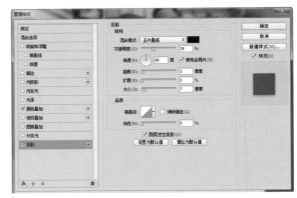

图 6-88 图 6-89

03 执行"文件 > 打开"命令，打开素材图像"素材 \ 第 6 章 \63001.png"并拖入到画布中，如图 6-90 所示。单击工具箱中的"直线工具"按钮，设置颜色为白色，设置线条粗细为 6 像素，在画布中创建如图 6-91 所示的直线。

图 6-90 图 6-91

04 复制"形状 1"图层，得到"形状 1 拷贝"和"形状 1 拷贝 2"图层，调整位置如图 6-92 所示。使用相同的方法完成相似内容的制作，如图 6-93 所示。

图 6-92 图 6-93

05 将相关图层编组，重命名为"顶部"，"图层"面板如图 6-94 所示。单击工具箱中的"矩形工具"按钮，设置填充颜色为黑色，在画布中创建如图 6-95 所示的矩形。

图 6-94　　　　　　　　　　　　　　图 6-95

06 设置该图层"不透明度"为 25%，效果如图 6-96 所示。单击工具箱中的"横排文字工具"按钮，设置如图 6-97 所示的参数。

图 6-96　　　　　　　　　　　　　　图 6-97

07 在画布中输入如图 6-98 所示的文字，使用相同的方法完成其他文字的输入，如图 6-99 所示。

图 6-98　　　　　　　　　　　　　　图 6-99

08 单击工具箱中的"直线工具"按钮，设置颜色为白色，设置线条粗细为 3 像素，在画布中绘制如图 6-100 所示的直线。设置该图层"不透明度"为 50%，效果如图 6-101 所示。

图 6-100

图 6-101

提示 要将图层的"不透明度"更改为 30%，只需按下键盘上的数字 3；要将图层的"不透明度"更改为 60%，只需按下键盘上的数字 6；要将图层的"不透明度"更改为 35%，只需快速按下数字键 3 和 5 即可。

09 继续使用"直线工具"，设置颜色 RGB(255、193、7)，设置线条粗细为 10 像素，在画布中绘制如图 6-102 所示的直线。使用"椭圆工具"，设置颜色 RGB(255、193、7)，在画布中绘制如图 6-103 所示的圆形。

图 6-102

图 6-103

10 将相关图层编组，重命名为"播放器"，"图层"面板如图 6-104 所示。单击工具箱中的"椭圆工具"按钮，设置颜色 RGB(255、87、34)，在画布中绘制如图 6-105 所示的圆形。

图 6-104

图 6-105

11 ✅　选中"椭圆 2"图层，单击"图层"面板底部的"添加图层样式"按钮，在弹出的"图层样式"对话框中选择"投影"选项，设置如图 6-106 所示的参数。单击工具箱中的"多边形工具"按钮，绘制如图 6-107 所示的三角形。

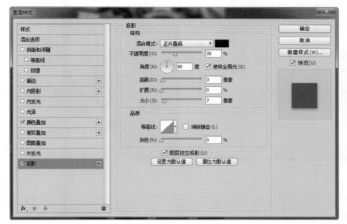

图 6-106

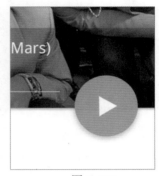

图 6-107

12 ✅　单击工具箱中的"横排文字工具"按钮，设置如图 6-108 所示的参数，在画布中输入如图 6-109 所示的文字。

图 6-108

图 6-109

13 ✅　执行"视图 > 显示标尺"命令，显示标尺并拖出参考线，如图 6-110 所示。单击工具箱中的"矩形工具"按钮，在画布中绘制任意颜色的矩形，如图 6-111 所示。

图 6-110

图 6-111

14 ✅　选择"矩形 2"图层，单击"图层"面板底部的"添加图层样式"按钮，在弹出的"图层样式"对话框中选择"投影"选项，设置如图 6-112 所示的参数。执行"文件 > 打开"命令，打开素材图像"素材 \ 第 6 章 \64002.png"并拖入到画布中，如图 6-113 所示。

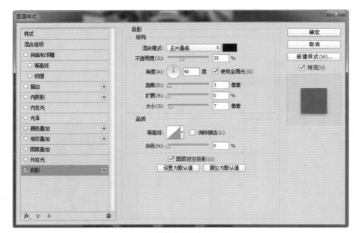

图 6-112　　　　　　　　　　　　　　　　图 6-113

 提示　用户可以直接将素材图像从文件夹中拖入文档窗口，拖入的素材会以智能对象的形式插入到新图层中。

15 〉 单击鼠标右键，为该图层创建剪贴蒙版，"图层"面板如图 6-114 所示。单击工具箱中的"横排文字工具"按钮，设置如图 6-115 所示的参数。

图 6-114　　　　　　　　　　　　　　图 6-115

16 〉 在画布中输入如图 6-116 所示的文字，使用相同的方法完成其他文字的输入，如图 6-117 所示。

图 6-116　　　　　　　　　　　　　　图 6-117

17 ✔ 使用相同的方法完成内容的制作，如图 6-118 所示。将相关图层编组，重命名为"列表"，"图层"面板如图 6-119 所示。

图 6-118 　　　　　　　　　　　图 6-119

18 ✔ 单击工具箱中的"矩形工具"按钮，在画布中创建黑色的矩形，如图 6-120 所示。单击工具箱中的"椭圆工具"按钮，设置描边颜色为白色，在画布中创建如图 6-121 所示的圆环。

图 6-120 　　　　　　　　　　　图 6-121

19 ✔ 使用相同的方法完成其他内容的制作，如图 6-122 所示。将相关图层编组，重命名为"控制栏"，"图层"面板如图 6-123 所示。

图 6-122 　　　　　　　　　　　图 6-123

20 ✔ 完成界面的制作，最终效果如图 6-124 所示，"图层"面板如图 6-125 所示。

图 6-124

图 6-125

6.5 制作聊天 APP 侧边栏

在众多社交软件中，都有着强大的功能，那么在对这些功能进行布局和排列时，要本着个性并且方便用户查找的原则进行界面设计。下面将讲解聊天 APP 界面侧滑效果的设计。

案例 52　制作聊天 APP 侧边栏
教学视频：视频 \ 第 6 章 \6-5.mp4　　源文件：源文件 \ 第 6 章 \6-5.psd

案例分析：

这是一款基于 Android 6.0 系统下的聊天 APP 侧边栏，它以简洁、清晰为基础，并按顺序整齐排列文字和小图标，制作简单，实用性较强。

尺寸分析：

此款 APP 界面设定尺寸为 1080×1920 像素，状态栏的高度为 72 像素，操作栏的高度为 146 像素。

色彩分析：

这款界面以白色作为主色，多种颜色作为辅色，图标整体层次分明，给人以清新、活泼的感觉。

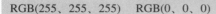

RGB(255、255、255)　　RGB(0、0、0)　　　　　　RGB(24、255、255)

01 执行"文件 > 新建"命令，设置弹出的"新建"对话框中各项参数如图 6-126 所示。单击工具箱中的"矩形工具"按钮，设置颜色 RGB(233、30、99)，在画布中创建如图 6-127 所示的矩形。

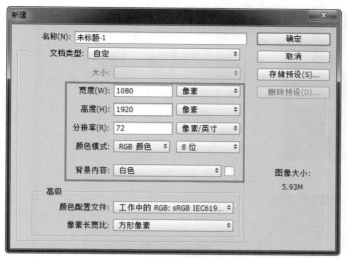

图 6-126　　　　　　　　　　　　图 6-127

02 执行"文件 > 打开"命令，打开素材图像"素材 \ 第 6 章 \62001.png"并拖入到画布中，如图 6-128 所示。单击工具箱中的"直线工具"按钮，设置颜色为白色，设置线条粗细为 6 像素，在画布中创建如图 6-129 所示的直线。

图 6-128　　　　　　　　　　　　图 6-129

03 复制"形状 1"图层，得到"形状 1 拷贝"和"形状 1 拷贝 2"图层，调整位置如图 6-130 所示。使用相同的方法完成相似内容的制作，如图 6-131 所示。

图 6-130　　　　　　　　　　　　图 6-131

04 选择"横排文字工具"，设置如图 6-132 所示的参数，在画布中输入如图 6-133 所示的文字。

05 使用相同的方法输入如图 6-134 所示的文字。选择"多边形工具"，设置如图 6-135 所示的参数，在画布中绘制图形。

图 6–132

图 6–133

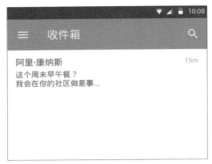

图 6–134

图 6–135

06 单击工具箱中的"直线工具"按钮，设置如图 6–136 所示的参数，在画布中绘制直线。设置图层"不透明度"为 8%，效果如图 6–137 所示。

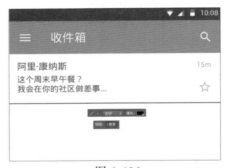

图 6–136

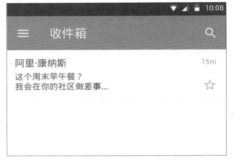

图 6–137

07 使用相同的方法完成其他内容的制作，如图 6–138 所示。将相关图层编组，重命名为"消息"，"图层"面板如图 6–139 所示。

图 6–138

图 6–139

08 单击工具箱中的"椭圆工具"按钮,设置颜色 RGB(24、255、255),在画布中绘制如图 6-140 所示的圆形。选中"椭圆 1"图层,单击"图层"面板底部的"添加图层样式"按钮,在弹出的"图层样式"对话框中选择"投影"选项,设置如图 6-141 所示的参数。

图 6-140

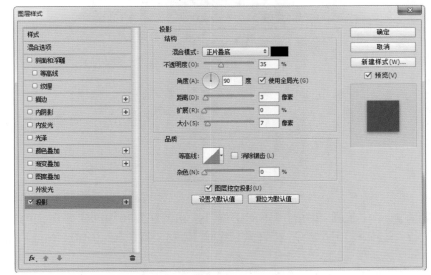

图 6-141

09 选择"横排文字工具",在画布中输入如图 6-142 所示的文字,将相关图层编组,重命名为"悬浮按钮","图层"面板如图 6-143 所示。

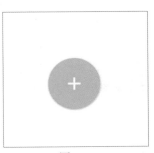

图 6-142

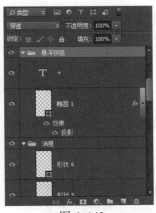

图 6-143

提示 用户可以直接将素材图像从文件夹中拖入文档窗口,拖入的素材会以智能对象的形式插入到新图层中。

10 新建"图层 2"图层,为图层填充黑色前景色,并设置图层"不透明度"为 35%,效果如图 6-144 所示。单击工具箱中的"矩形工具"按钮,设置颜色为白色,在画布中创建如图 6-145 所示的矩形。

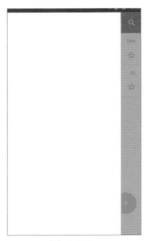

图 6-144　　　　　　　　　　　　　　　　图 6-145

11 ⌄　单击工具箱中的"矩形工具"按钮，在画布中创建任意颜色的矩形，如图 6-146 所示。执行"文件＞打开"命令，打开素材图像"素材\ 第 6 章 \65001.png"并拖入到画布中，如图 6-147所示。

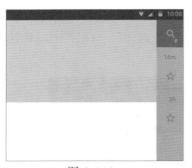
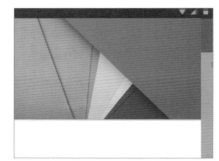

图 6-146　　　　　　　　　　　　　　　　图 6-147

12 ⌄　单击鼠标右键，为图层创建剪贴蒙版，"图层"面板如图 6-148 所示。单击工具箱中的"矩形工具"按钮，设置颜色为白色，在画布中绘制矩形，并设置图层"不透明度"为 35%，如图 6-149所示。

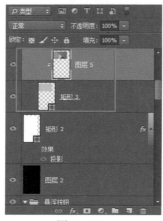

图 6-148　　　　　　　　　　　　　　　　图 6-149

13 执行 "文件 > 打开" 命令，打开素材图像 "素材 \ 第 6 章 \65002.png" 并拖入到画布中，如图 6-150 所示。使用 "横排文字工具" 在画布中输入如图 6-151 所示的文字。

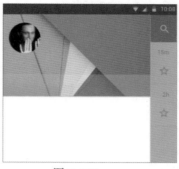

图 6-150

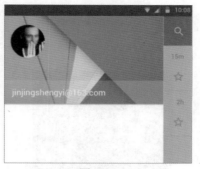

图 6-151

14 单击工具箱中的 "多边形工具" 按钮，设置颜色 RGB(125、125、125)，在画布中绘制如图 6-152 所示的图形。采用相同的方法，完成其他内容的绘制，如图 6-153 所示。

图 6-152

图 6-153

15 选择 "横排文字工具"，设置如图 6-154 所示的参数，在画布中输入如图 6-155 所示的文字。

16 单击工具箱中的 "直线工具" 按钮，设置如图 6-156 所示的参数，在画布中绘制直线。设置图层 "不透明度" 为 8%，效果如图 6-157 所示。

17 将相关图层编组，重命名为 "列表 1"，"图层" 面板如图 6-158 所示。使用相同的方法完成 "列表 2" 的制作，效果如图 6-159 所示。

图 6-154

图 6-155

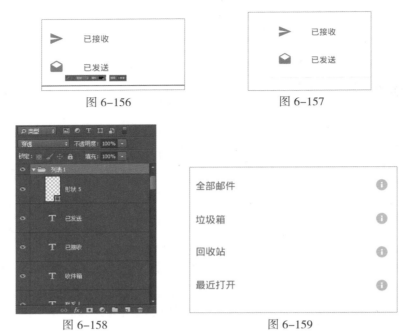

图 6-156　　　　　　　　　　　　图 6-157

图 6-158　　　　　　　　　　　　图 6-159

18 执行"文件 > 打开"命令，打开素材图像"素材 \ 第 6 章 \65003.png"并拖入到画布中，如图 6-160 所示。完成界面的制作，最终效果如图 6-161 所示。

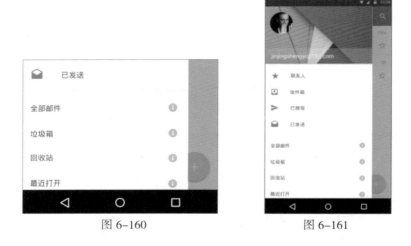

图 6-160　　　　　　　　　　　　图 6-161

6.6　总结扩展

通过本章的学习，希望用户对 Android 6.0 系统下的 APP 制作有一定的了解。本章所有案例都是基于 Android 6.0 系统的基础上进行制作的，力求切合实际，使用户能够学以致用。

6.6.1　本章小结

本章主要通过案例为用户详细讲解 Android APP 的制作规范以及方法。希望用户在日后的制作过程中活学活用，多思考和多练习，从而对 Android APP 的设计有更深的理解。

6.6.2 课后练习——制作 APP 个人主页界面

实战

制作 APP 个人主页界面
教学视频：视频 \ 第 6 章 \6-6-2.mp4　　源文件：源文件 \ 第 6 章 \6-6-2.psd

案例分析：

这是基于 Android 6.0 系统下的 APP 个人主页界面，该界面以简洁和高辨识度为基础，加以巧妙构思制作而成。

尺寸分析：

此款 APP 界面设定尺寸为 1080×1920 像素，

状态栏的高度为 72 像素，操作栏的高度为 146 像素。

色彩分析：

这款界面以黑色作为主色调，搭配白色的字体，以经典的黑白搭配方式呈现给用户，界面深沉，同时透露着典雅。

01 　新建文档，将相应图片导入文档中。使用相应工具绘制小图标。

02 　使用"直排文字工具"完成对文字的输入。

03 　使用"椭圆工具"绘制图形。

04 　载入图像并创建剪贴蒙版。将相应图层编组，完成界面的制作。

第7章 Windows Phone 设计元素和应用实战

Windows Phone 10 是微软公司最新推出的一款手持设备操作系统，整体风格简洁而美观。Windows Phone 的标准控件样式非常简单，制作时需要特别注意元素之间的距离。通过本章内容的学习，希望各位读者能够基本了解 Windows Phone 标准控件的大致使用方法和制作方法，并能够独立制作出完整的 APP 界面。

7.1 | Windows Phone 10 与 Windows Phone 8.1 界面对比

众所周知，Windows Phone 系统界面以优雅素净著称，很多粉丝爱上 Windows Phone 8.1，系统就是因为它的 Modern UI。

下面为用户详细介绍这两个版本界面上的细微差距（左图为 Windows Phone 10，右图为 Windows Phone 8.1），以方便用户进行界面设计。

Windows Phone 10 开始屏幕采用全背景图片 + 半透明动态磁贴，而与右边的现在 Windows Phone 8.1 背景图片 + 全透明磁贴有所不同，如图 7-1 所示。

Windows Phone 10 手机全新的通知中心，快速操作可以扩展，还可以在通知中心内直接回复信息，Windows Phone 8.1 通知中心只具备查看功能，如图 7-2 所示。

图 7-1　　　　　　　　　　　　　　　　　　图 7-2

　　Windows Phone 10 版微软增加了预览信息，提升今日关注曝光度，而 Windows Phone 8.1 具备主页界面，如图 7-3 所示。

　　Windows Phone 10 上出现全新的 Outlook 邮箱应用，采用白色背景，增加更多的邮件操作功能，不过按钮放在右上角，方便性会大大降低。相反，目前 Windows Phone 8.1 版虽然功能有些少，但是操作起来非常舒服，如图 7-4 所示。

图 7-3　　　　　　　　　　　　　　　　　　图 7-4

　　Windows Phone 10 全新短信将融合 Skype，使用 Skype 时会显示对方正在输入，并且操作按钮放在下边靠右，很显然微软是考虑单手操作，如图 7-5 所示。

　　改版的 Windows Phone 10 手机人脉集成更多社交网络，界面风格更清新，如图 7-6 所示。

图 7-5　　　　　　　　　　　　　　　　　图 7-6

　　Windows Phone 10 全新的
相册应用更加强大，自动归类，
幻灯片播放，自动美化功能升级，
相比 Windows Phone 8.1 相册
确实强大不少，如图 7-7 所示。

图 7-7

> **提示** 在 Windows Phone 10 手机系统上，我们看到微软正在进一步弱化 Hub，甚至在抛弃一些 Metro 元素，想必是为了改变某些人对 Windows Phone 界面简单的认识，但是希望微软不要忘了初心，打造完美个性的 Windows Phone 10 系统。

7.2 Windows Phone 系统的特点

Windows 10 for Phone 是美国微软公司研发的新一代操作系统，将作为 Windows 10 的基础，带来统一的微软应用商店，包括智能手机、平板电脑、桌面 PC 甚至是服务器都会使用相同的应用商店，如图 7-8 所示。

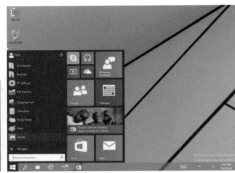

图 7-8

7.2.1 通用 Windows 应用史

通用 Windows 应用是一种基于通用 Windows 平台 (UWP) 构建的 Windows 体验，它首次作为 Windows 运行时在 Windows 8 中引入。用户希望其体验在所有设备上均为移动版，并且希望使用现有的最方便或最高效的设备完成任务，此理念是通用 Windows 应用的核心。

通过 Windows Phone 10，可以更加轻松地为 UWP 开发应用，并且只需一个 API 集、一个应用包和一个应用商店，即可访问所有 Windows Phone10 设备，包括 PC、平板电脑和手机等。对许多屏幕大小以及各种交互模型的支持也更加轻松，如图 7-9 所示。

图 7-9

7.2.2 Windows Phone 界面特色

Windows Phone 相较于其他两大系统最大的特点就是桌面以动态磁贴的形式呈现，一个磁贴代表一个应用程序入口，并支持磁贴尺寸的改变（目前支持三级尺寸变化），并加入定制化背景，任何图片都可以作为壁纸，从而改变了以往单色调的呈现方式，如图 7-10 所示。值得一提的是，Windows Phone 系统磁贴可以在不打开应用程序的情况下，实现动态信息的交互，这在 iOS 和 Android 中是没有的。另外，Windows Phone 系统向右滑动后得到二级菜单，里面装有所有程序的图标，并且程序卸载也可在这一级菜单中完成。

Windows Phone 10 新增了 Mixview 爆裂式动态磁贴功能。Mixview 是一种 3D 用户界面，它允许动态磁贴向四周扩展并"爆裂"出更小的动态磁贴，如图 7-11 所示。

 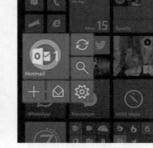

图 7-10　　　　　　　　　　图 7-11

 用户可以通过扩展出的动态磁贴对原磁贴中的应用进行细化操作，这样无须打开应用就能完成相关基本操作，进一步加强了动态磁贴的交互性。

7.3 | Windows Phone 设计原则

众所周知，Windows Phone 移动系统的界面非常整洁干净，内容代替布局的设计理念更是让用户回到内容本身，因此受到了很多用户的喜爱，磁贴元素更是为大家打造了一个丰富的移动生活。那么开发者们要如何把握这样的 UI 设计风格，更好地将 Modern UI 风格融入自己的应用中，为用户提供最佳的用户体验呢？以下是微软官方为开发者们提供的应用设计原则，希望用户在日后设计过程中活学活用。

1. 注重细节

投入的时间和精力越多，看到的细节就越多。每一个阶段，设计师都会有不一样的收获。注重细节是一个应用程序成功的必要条件，所以从一开始就应该注重细节。

网格布局：网格的局部能够让内容更有凝聚力，如图 7-12 所示。

注意层叠：在设计应用程序的时候，注意层级结构的平衡。排版的好坏直接影响了应用程序的结构感和节奏感，很重要，不能马虎，如图 7-13 所示。

应用特色：找到一个能体现应用程序特色的排版。

图 7-12　　　　　　　　　　图 7-13

2. 内容代替布局

根据经验，建议开发者在页面去掉无关的元素，只留下关键元素即可，因为一个应用的伟大在于它提供的内容，而不是框架。所以开发者在进行 UI 设计的时候一定要将重点放在内容上，去掉那些不必要的元素，让内容代替布局，更好地突出内容。

内容高于布局：去掉框架，利用字体、比例和颜色等元素带给用户沉浸式的阅读，如图 7-14 所示。

内容自然：将突出重点功能，方面用户交互，如图 7-15 所示。

图 7-14

图 7-15

3. 快速流畅

身临其境的产品才能吸引人，因此应用设计时一定要注意与用户的交互，只有快速流畅的交互才能提供最佳的用户体验。开发者在设计之初要保证每一个交互动作是连续的，而不是单独孤立的。此外，大家都知道手机基本都是随身携带的，所以在设计应用的时候还要保证交互动作的方便快捷，每一个交互都是有意义的，如图 7-16 所示。

图 7-16

4. 数字法则

具体的数字能够给用户带来比图片更强烈的刺激。开发者一定要利用好这个数字媒体。信息的传递是应用的首要任务，图表信息的展示非常重要，采用信息图表的方法再加上动态磁贴的结合，将帮助开发者更好地优化 Windows Phone 上的用户体验。就如直接在邮件图标上直接显示未读邮件的数量，帮助用户更好地管理邮件，如图 7-17 所示。

图 7-17

案例 53

制作 Windows Phone 主界面

教学视频：视频 \ 第 7 章 \7-3.mp4　　　源文件：源文件 \ 第 7 章 \7-3.psd

案例分析：

　　本案例主要向用户展示 Windows Phone 的主界面，在制作案例的过程中，除了要注意界面中各个元素的大小以及排布，还要耐心地绘制界面中各个按钮的形状，以及要注意内容部分格局的合理分配。

色彩分析：

　　本案例是 Windows Phone 10 的主界面，色彩方面以壁纸的蓝色作为主色调，搭配以白色的文字和红色的醒目提示模块，在简单中透露着美观和实用。

RGB(0、33、68)　　RGB(255、255、255)　　RGB(209、52、56)

01 　执行 "文件 > 打开" 命令，打开素材图像 "素材 \ 第 7 章 \73001.jpg"，如图 7-18 所示。使用相同的方法，打开素材图像 "素材 \ 第 7 章 \73002. png" 并拖入画布中，然后置于顶层，如图 7-19 所示。

02 　单击工具箱中的 "矩形工具" 按钮，在画布左上角创建填充为白色的矩形，如图 7-20 所示。并在 "图层" 面板中设置 "不透明度" 为 30%，如图 7-21 所示。

图 7-18　　　　　　　图 7-19　　　　　　　图 7-20　　　　　　　图 7-21

03 单击工具箱中的"钢笔工具"按钮，设置填充为白色，在画布左上角创建如图 7-22 所示的形状。打开"字符"面板，设置各项参数值，如图 7-23 所示。

图 7-22　　　　　　　　　　　图 7-23

04 单击工具箱中的"横排文字工具"按钮，在画布中输入相应文字，如图 7-24 所示。使用相同的方法完成相似图形的制作，如图 7-25 所示。

05 单击工具箱中的"矩形工具"按钮，在画布左上角创建填充为白色的矩形，并在"图层"面板中设置"不透明度"为 30%，如图 7-26 所示。单击工具箱中的"椭圆工具"按钮，在画布中创建"填充"为白色的圆形，如图 7-27 所示。

图 7-24　　　　　　图 7-25　　　　　　图 7-26　　　　　　图 7-27

06 设置"路径操作"为"减去顶层形状"，在画布中绘制圆形，如图 7-28 所示。使用相同的方法完成其他图形的制作，最终效果如图 7-29 所示。

图 7-28　　　　　　　　　　　图 7-29

07 使用相同的方法完成一样大小模块的制作，如图 7-30 所示。使用相同的方法绘制矩形，如图 7-31 所示。

08 执行"文件 > 打开"命令，打开素材图像"素材 \ 第 7 章 \73003. png"，将相应的图片拖入到画布中，单击鼠标右键，在快捷菜单中选择"创建剪切蒙版"选项，如图 7-32 所示。使用相同的方法，完成相似模块的制作，如图 7-33 所示。

图 7-30　　　　　　　　图 7-31　　　　　　　　图 7-32　　　　　　　　图 7-33

剪贴蒙版是用下方的基底图层的形状来显示上方图像的一种蒙版，可以应用于多个相邻的图层中。按住 Alt 键，将鼠标指针移动到两个图层中间的细线后，单击鼠标左键，或者执行"图层 > 创建剪贴蒙版"命令即可创建剪贴蒙版。

09 单击工具箱中的"矩形工具"按钮，在画布左上角创建填充为 RGB(209、52、56) 的矩形，如图 7-34 所示。打开"字符"面板，设置各项参数值，如图 7-35 所示。

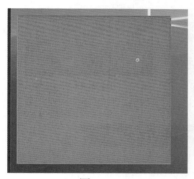

图 7-34　　　　　　　　　　　图 7-35

10 单击工具箱中的"横排文字工具"按钮，在画布中输入相应文字，如图 7-36 所示。使用相同的方法完成相似图形的制作，如图 7-37 所示。

图 7-36　　　　　　　　　　　图 7-37

11 单击工具箱中的"矩形工具"按钮，在画布左上角创建填充为白色的矩形，如图 7-38 所示。单击工具箱中的"钢笔工具"按钮，设置"路径操作"为"合并形状"，在画布中绘制图形，如图 7-39 所示。

图 7-38

图 7-39

12 ∨ 绘制完成后，将相应的图形进行编组，其"图层"面板如图 7-40 所示，最终效果如图 7-41 所示。

图 7-40

图 7-41

7.4 | Windows Phone 界面框架

Windows Phone 的界面框架包括众多元素，如页面标题、进度指示器、滚动滑块、主题和通知等。每个元素都有其存在的特殊意义和设计规范，接下来为用户详细介绍这些元素的特点。

7.4.1 页面标题

尽管页面标题不是一个交互性的控件，但仍然有特定的设计规范。页面标题的主要功能是用来清晰地显示页面内容的信息，如果选择显示标题，那么应该在程序的每个页面中都保留相同的标题位置，这可以保持用户体验的一致性，如图 7-42 所示。

图 7-42

提示　如果程序显示了页面标题，那么它应该是程序的名称或与当前界面显示内容有关的描述性文字。

7.4.2　进度指示器

进度指示器显示了程序内正在进行的与某一动作或事件相关的执行情况，例如下载。进度指示器被整合进了状态栏，可以在程序的任何页面显示。Windows 应用包括不确定进度栏、进度环以及确定进度栏，如图 7-43 所示。

图 7-43

1. 状态文本中的指示器

使用确定进度栏时，不要在状态文本中显示进度比例。控件已经提供该信息。如果使用文本（而不使用进度控件）来指示活动，使用省略号指示该活动正在进行。如果使用进度控件，不要在状态文本中使用省略号，因为进度控件始终指示操作正在进行。

2. 布局中使用指示器

确定进度栏显示为有颜色的栏，它会延长以充满灰色的背景栏。有颜色部分的总长度百分比可指示操作完成的相对程度。不确定进度栏或进度环由不断移动的带颜色的点构成。

根据其重要性选择进度控件的位置和醒目程度。重要的进度控件可用来唤起行动，告诉用户在系统完成工作后继续特定操作。某些内置的 Windows Phone 应用在重要情况的屏幕顶部使用状态栏进度指示器。不重要的情况显示较小的进度控件，并且限制在一个视图中显示。使用标签显示进度值、说明正在进行的流程，或者指示已中断操作。

7.4.3　滚动指示器

平移和滚动使用户可以获取超出屏幕边界的内容。滚动查看器控件包含的内容量以适合视区为准，并具有一个或两个滚动条。触摸手势可用于平移和缩放（滚动条仅在操作期间淡入），指针可用于滚动，如图 7-44 所示。

图 7-44

提示　基于检测到的输入设备，提供两种平移显示模式：适用于触控的平移指示器和适用于其他输入设备的滚动栏。

应注意事项和禁止事项如下。

（1）对于超出一条视区边界的内容区域使用单轴平移。对于超出两条视区边界的内容区域使用双轴平移。

（2）在列表框、下拉列表、文本输入框、网格视图、列表视图和中心控件中使用内置滚动功能。如果项目过多不能一次显示，用户可以借助这些控件在项目列表中水平或垂直滚动。

（3）如果希望用户在较大的区域内在两个方向上平移并缩放，可将该图像放置到滚动查看器中。例如，如果希望用户可以在完整大小的图像中平移和缩放。

（4）如果用户滚动查看一段较长的文本，可配置滚动查看器，使其仅在垂直方向滚动。

（5）使用滚动查看器仅包含一个对象。要注意，该唯一对象可能是版式面板，它反过来包含自身的任意数量的对象。

7.4.4　主题

主题是一组资源，开发人员使用它们来个性化 Windows Phone 上的可视元素。主题可以确保控件和 UI 元素在所有手机上都一致，可以根据相应的样式创建保留内置设备 UI 外观的应用。由主题设置的样式属性包括背景色和主题色，如图 7-45 所示为应用了不同主题的应用 UI。

图 7-45

Windows Phone 主题是背景色与主题色的组合。背景色是指背景的颜色，对于应用中的背景色，有深色和浅色两种选择。主题色是指应用于控件和其他视觉元素的颜色，下面列出了主题色及其以红色、绿色、蓝色值和十六进制值表示的相应颜色值，如图 7-46 所示。

Lime	164, 196, 0 162, 193, 57	#FFA4C400 #FFA2C139	Crimson	162, 0, 37	#FFA20025
Green	96, 169, 23 51, 153, 51	#FF60A917 #FF339933	Red	229, 20, 0	#FFE51400
Emerald	0, 138, 0	#FF008A00	Orange Mango	250, 104, 0 240, 150, 9	#FFFA6800 #FFF09609
Teal Viridian	0, 171, 169	#FF00ABA9	Amber	240, 163, 10	#FFF0A30A
Cyan Blue	27, 161, 226	#FF1BA1E2	Yellow	227, 200, 0	#FFE3C800
Cobalt	0, 80, 239	#FF0050EF	Brown	130, 90, 44 160, 80, 0	#FF825A2C #FFA05000
Indigo	106, 0, 255	#FF6A00FF	Olive	109, 135, 100	#FF6D8764
Violet Purple	170, 0, 255	#FFAA00FF	Steel	100, 118, 135	#FF647687
Pink	244, 141, 208 230, 113, 184	#FFF472D0 #FFE671B8	Mauve	118, 96, 138	#FF76608A
Magenta	216, 0, 115	#FFD80073	Sienna	160, 82, 45	#FFA0522D

图 7-46

提示　设置主题时，尽量避免使用过多的白色，因为白色的亮度过高，会严重影响大屏手机电池的续航能力。

7.5 Windows Phone 用户界面框架

Windows Phone 的用户界面框架为开发者和设计师提供了一致的系统组件、事件以及交互方式，以帮助他们为用户创建精彩易用的应用体验。下面为用户详细介绍每处细节的设计方式。

7.5.1 主界面

主界面是用户启动 Windows Phone 开始体验的起始点。主界面中显示了用户自定义的快速启动应用程序。无论何时，用户只需按下 Start 按钮，就会立刻返回主界面。

图 7-47

使用了"瓦片式"通知机制的瓦片可以更新瓦片的图形或文字内容，这使得用户可以创造更加个性化的主界面体验。例如，瓦片上可以显示某个游戏里是否已经轮到用户的回合，或者天气，或有几封新邮件和几个未接来电等，如图 7-47 所示。

7.5.2 屏幕方向

Windows Phone 支持 3 种屏幕视图方向：纵向、左横向和右横向，在纵向视图下，屏幕垂直排布，导航栏在手机下方，页面高度大于宽度。在横向视图下，状态栏和应用程序栏保持在"开始"按钮所在的一侧。界面中会跟随屏幕方向进行调整的组件包括状态栏、应用程序栏、应用程序栏菜单、推送通知和对话框等。

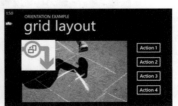

用户可以通过旋转设备轻松启动从一个方向到另一个方向的更改。在模拟器中测试应用时，可以通过单击模拟器工具栏中的按钮切换屏幕方向。方向按钮包含带箭头的矩形，它们指示方向的更改，如图 7-48 所示。

图 7-48

提示　处于两种横向方向的任一方向时，状态栏和应用程序栏各自位于具有"电源"和"启动"按钮的屏幕的一侧。"横向朝左"视图的状态栏在左侧，"横向朝右"视图的状态栏在右侧。

7.5.3 字体

Windows Phone 系统默认的字体叫作 Segoe Windows Phone，包含普通、粗体、半粗体、半细体和黑体 5 种样式，如图 7-49 所示。系统提供了一套东亚阅读字体，支持中文、日文和韩文。

当然，开发者也可以在 APP 中嵌入自己的字体，但这些字体只在该应用程序中有效，无法应用到整个系统。

Segoe WP Regular
abcdefghijklmnopqrstuvwxyz1234567890
ABCDEFGHIJKLMNOPQRSTUVWXYZ

Segoe WP Semi-light
abcdefghijklmnopqrstuvwxyz1234567890
ABCDEFGHIJKLMNOPQRSTUVWXYZ

Segoe WP Bold
abcdefghijklmnopqrstuvwxyz1234567890
ABCDEFGHIJKLMNOPQRSTUVWXYZ

Segoe WP Semi-bold
abcdefghijklmnopqrstuvwxyz1234567890
ABCDEFGHIJKLMNOPQRSTUVWXYZ

Segoe WP Black
abcdefghijklmnopqrstuvwxyz1234567890
ABCDEFGHIJKLMNOPQRSTUVWXYZ

图 7-49

 提示　Windows Phone 10 支持书写体系中大多数的字体。尽管手机客户端 UI 已本地化为 50 种主要语言，应用可以显示更多的语言选择。Windows Phone 10 可支持每种语言的一个以上的字体系列。

7.5.4　状态栏

状态栏是一个在应用程序以外预留的位置上，用一种简洁的方式显示系统及状态信息的指示条。状态栏是 Windows Phone 系统的两个主要组件之一，另一个是应用程序栏。

状态栏可以自动更新，以提供不同的通知并通过显示以下信息让用户保持对系统状态的关注，如图 7-50 所示。

图 7-50

案例 54　制作 Windows Phone 状态栏

教学视频：视频 \ 第 7 章 \7-5-4.mp4　　源文件：源文件 \ 第 7 章 \7-5-4.psd

案例分析：

本案例主要向用户展示 Windows Phone 手机的状态栏的制作，其制作方法并不难，需要用户熟练使用不同的工具来绘制图形，在制作过程中，一定要细心和耐心地绘制形状路径的锚点，以得到精致完美的图形效果。

01 执行"文件 > 新建"命令，新建一个 640×23 像素的空白文档，如图 7-51 所示。新建图层，使用"油漆桶工具"将画布填充为黑色，如图 7-52 所示。

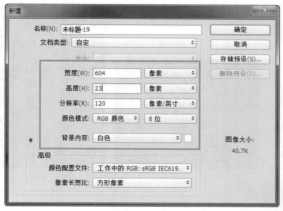

图 7-51

图 7-52

02 ✓ 单击工具箱中的"矩形工具"按钮，在画布左上角创建填充为白色的矩形，如图 7-53 所示。使用相同的方法完成相似图形的绘制，如图 7-54 所示。

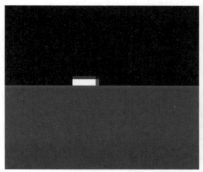

图 7-53

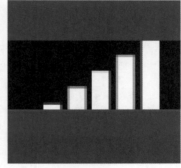

图 7-54

03 ✓ 单击工具箱中的"椭圆工具"按钮，在画布左上角创建填充为白色的椭圆，如图 7-55 所示。单击工具箱中的"钢笔工具"按钮，在画布左上角创建填充为白色的圆角矩形，如图 7-56 所示。

04 ✓ 使用相同的方法完成相似图形的绘制，如图 7-57 所示。单击工具箱中的"矩形工具"按钮，在画布中创建填充为白色的矩形，如图 7-58 所示。

图 7-55

图 7-56

图 7-57

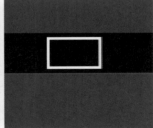

图 7-58

05 ✓ 使用相同的方法完成相似图形的绘制，如图 7-59 所示。打开"字符"面板，设置各项参数值，如图 7-60 所示。

06 ✓ 使用"横排文字工具"在画布中输入相应文字，如图 7-61 所示。将相应的图层进行编组，其"图层"面板如图 7-62 所示。

图 7-59   图 7-60   图 7-61   图 7-62

07 案例的最终效果如图 7-63 所示。

图 7-63

7.5.5 磁贴和通知

磁贴是一种易于辨认的应用程序或者某特定内容的快捷方式，用户可以将它任意放置在手机主界面上。磁贴上的计数器，可以让用户发现更新的信息，计数器使用系统字体，如图 7-64 所示。

图 7-64

磁贴和图标资源：应用图标资源是通用 Windows 平台应用的调用卡。这些指南详细介绍应用图标资源在系统中的显示位置，并提供有关如何创建最完美图标的深入设计提示。

锁屏界面：用户可以自定义锁屏界面，以在支持 Windows 的设备锁定时将应用用作锁屏界面提供程序。他们也可以更改在锁屏界面中找到的基本通知，反映应用提供的通知。

定期通知：提供了有关通用 Windows 平台应用中使用定期通知的指南。

推送通知：提供关于在 Windows 应用商店应用中使用推送通知的常规和编码指南。

原始通知：描述了如何创建有效的原始推送通知。

计划通知：在向 Windows 应用商店应用中添加计划磁贴和 Toast 通知。

7.6   Windows Phone 标准控件

Windows Phone 提供了一整套标准控件样式，如按键、单选按钮、复选框、切换开关、命令栏、对话框、进度控件和搜索等。用户可在 APP 中直接应用这些标准控件，也可以自定义控件。

7.6.1 按键

当用户按下一个按键时，会激发一个动作，在 Windows Phone 中的按键基本是长方形的，上面有文字或图形的提示。按键包含"正常"、"点击"和"禁用"3 种状态，如图 7-65 所示。

图 7-65

提示

使用简洁、具体而又通俗易懂的文本来清楚地描述按钮可以执行的操作。不要使用命令按键来设置状态。不要交换默认的提交、重置和按键样式。不要在按键中放入太多内容。

7.6.2 单选按钮

单选按钮允许用户从两个或多个选项中选择一个选项。每个选项都表示为一个单选按钮；用户只能选择单选按钮组中的一个单选按钮。单选按钮包含"正常"、"点击"和"禁用"3 种状态，如图 7-66 所示。

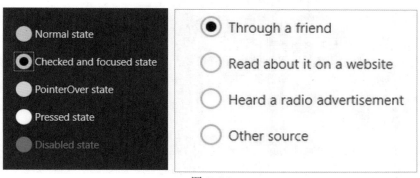

图 7-66

提示

单选按钮为应用中十分重要的选项增加明确度和权重。如果提供的选项重要到可以占用更多屏幕空间，并且较高的选择明确度要求使用非常明确的选项，可以使用单选按钮。

7.6.3 复选框

复选框用于选择或取消选择操作项目，并且可以用于单个列表项目或多个列表项目。它不同于单选按钮，一组单选按钮代表单个选择，而一组复选框各自代表独立的选择。当存在多个选项，但只能选择一个选项时，应使用单选按钮。该控件具有 3 个选择状态：未选中、已选中和不确定。在有未选中和已选中两种状态时，显示不确定状态，如图 7-67 所示。

图 7-67

 当一个选项应用于多个对象时，可以使用复选框来表示该选项应用于全部、部分还是不应用于任何对象。

7.6.4 切换开关

切换开关表示用户用于打开或关闭选项的物理开关。该控件具有开和关两个状态，如图 7-68 所示。

图 7-68

如果有更明确的标签可用于设置，则替换"开"和"关"标签。如果有更短的标签代表对特定设置更适合的对立关系，则使用这些标签；如果没有必要，则避免替换"开"和"关"标签，除非情况需要使用自定义的标签，否则继续使用默认标签；标签长度不得大于 4 个字符。

7.6.5 命令栏

命令栏使用户能够轻松访问操作，还可用于显示特定于用户上下文的命令或选项，例如照片选择或绘图模式。它们还可用于在应用页面或应用的各个部分之间导航。命令栏可以与任何导航模式一起使用，如图 7-69 所示。

图 7-69

命令栏可以放置在屏幕顶部、屏幕底部，同时放置在屏幕的顶部和底部，也可以内联放置，如图 7-70 所示。

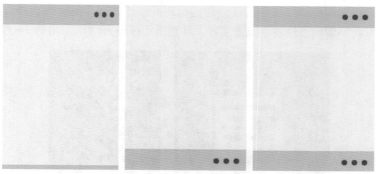

图 7-70

对于移动设备，如果打算在应用中只放置一个命令栏，则将其放在屏幕底部以方便操作。如果应用底部具有选项卡，可以考虑将命令栏放在顶部，使 UI 不会在底部过于臃肿。对于较大的屏幕，如果打算只放置一个命令栏，建议将其放置在屏幕顶部。可以内联放置命令栏，以便用户可以使用它们进行上下文操作。

 在纵向和横向方向中，应用栏中应该显示相同数量的操作，这可以降低用户的认知负荷。

7.6.6　对话框

对话框用于提供上下文应用信息的模式 UI 覆盖。在大部分情况下，除非明确取消对话框，否则它会阻止与应用窗口的交互，并且通常会请求用户执行某类操作，如图 7-71 所示。

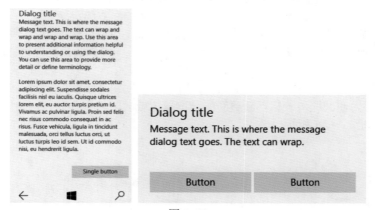

图 7-71

在对话框的第一行文本中清楚地标识问题或用户的目标。对话框标题是主要说明并且是可选的。对话框内容包含描述性文本，并且是必需的。必须至少显示一个对话框按钮。错误对话框在对话框中显示错误消息，以及任何相关的信息。在错误对话框中使用的唯一按钮应为"关闭"或类似操作。不要将对话框用于针对页面上特定位置的上下文错误。

7.6.7　进度控件

进度控件用于表示某项操作进度的控件，可以应用该控件显示普通的进度，也可以根据数值来改变进度条。进度控件将为用户提供关于正在处理运行时间较长的操作的反馈。确定进度栏可显示操作已完成部分的百分比。不确定进度栏（或进度环）可显示正在进行操作，如图 7-72 所示。

图 7-72

 在进度条的上方显示任务的标题，并在下方显示状态。如果发生的情况很明显，不需要提供状态文本。进度完成后，隐藏进度条，使用状态文本传达项目的新状态。

7.6.8 搜索

搜索是用户可以在应用中查找内容的最常用方法之一，本文中的指南介绍搜索体验、搜索范围和实现的要素，以及在上下文中搜索的示例。

输入：文本是最常见的搜索输入模式，其他常见的输入模式包括语音和相机，但这些输入模式通常要求能够与设备硬件相连接，并且在应用内可能需要其他控件或自定义 UI。

零输入：在用户已激活输入字段之后却未输入文本之前，可以显示所谓的"零输入画布"。零输入画布通常显示在应用画布中，以便自动建议在用户开始输入查询时替换此内容。最近搜索历史记录、热门搜索、上下文搜索建议、提示和使用技巧都非常适用于零输入状态，如图 7-73 所示。

查询规范化 / 自动建议：只要用户开始输入，查询规范化便开始替换零输入内容。当用户输入查询字符串时，系统将为他们提供一组不断更新的查询建议或消除歧义选项，帮助他们加快输入过程并编写有效的查询，如图 7-74 所示。

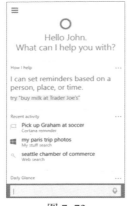
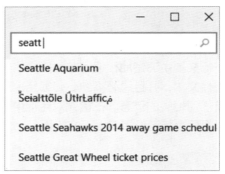

图 7-73　　　　　　　　图 7-74

提示　搜索始终为入口点使用右向放大镜标志符号。要使用的标志符号为 Segoe UI 符号，十六进制字符代码为 0xE0094，并且字体大小通常为 15epx。

7.7　制作 Windows Phone 壁纸软件

本节主要通过 Windows Phone 中的 APP 案例为用户详细介绍制作规范。Windows Phone 10 中 APP 的制作难度不大，主要是运用基本图形按照一定的顺序排列组合而形成美观的界面。

案例 55　制作 Windows Phone 壁纸软件

教学视频：视频 \ 第 7 章 \7-7.mp4　　源文件：源文件 \ 第 7 章 \7-7.psd

案例分析：

本案例主要向用户展示 Windows Phone 的 APP 界面，在制作过程中，要注意界面中各个元素的大小以及排布，以及内容部分格局的合理分配。

色彩分析：

本案例是基于 Windows Phone 10 系统的 APP，色彩方面以壁纸的金色作为主色调，搭配以白色的文字和红色的醒目提示模块，画面复杂却不凌乱。

RGB(254、214、48)　RGB(255、255、255)　RGB(247、20、1)

01 ⯆　执行"文件 > 打开"命令，打开素材图像"素材 \ 第 7 章 \77001.jpg"，如图 7-75 所示。使用相同的方法，打开素材图像"素材 \ 第 7 章 \73002. png"，将图像拖入画布中，并置于顶层，如图 7-76 所示。

图 7-75

图 7-76

02 ⯆　选择"横排文字工具"，设置如图 7-77 所示的参数，在画布中输入相应文字，如图 7-78 所示。

图 7-77　　　　　　　　　　　　图 7-78

03 ✓　按照相同的方法，使用"横排文字工具"在画布中输入文字，如图 7-79 所示。执行"视图＞标尺"命令，显示标尺并拖出参考线，如图 7-80 所示。

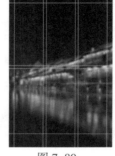

图 7-79　　　　　　　　　　　　图 7-80

参考线顾名思义就是给我们提供一个标准，方便我们做图时应用，一般用于精确定位。此处使用参考线是为了方便图像的排列。

04 ✓　单击工具箱中的"矩形工具"按钮，在画布中绘制任意颜色的矩形，如图 7-81 所示。选择"矩形 1"图层，单击"图层"面板底部的"添加图层样式"按钮，在弹出的"图层样式"对话框中选择"投影"选项，设置如图 7-82 所示的参数。

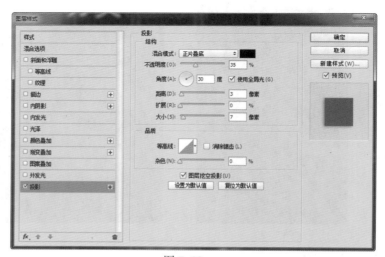

图 7-81　　　　　　　　　　　　图 7-82

05 ☑ 执行"文件 > 打开"命令，打开素材图像"素材\第 7 章\77002.jpg"，将图像拖入画布中，如图 7-83 所示。选择"图层 3"图层，单击鼠标右键为该图层创建剪贴蒙版，效果如图 7-84 所示。

06 ☑ 单击工具箱中的"矩形工具"按钮，在画布中绘制黑色的矩形，如图 7-85 所示。设置该图层"不透明度"为 60%，效果如图 7-86 所示。

图 7-83　　　　　　　图 7-84　　　　　　　图 7-85　　　　　　　图 7-86

07 ☑ 继续使用"矩形工具"在画布中绘制颜色 RGB(247、20、1) 的矩形，如图 7-87 所示。使用"直排文字工具"，在画布中输入文字，如图 7-88 所示。

08 ☑ 将相关图层编组，"图层"面板如图 7-89 所示。使用快捷键 Ctrl+J 复制"组 1"图层组，得到"组 1 拷贝"图层组，"图层"面板如图 7-90 所示。

图 7-87　　　　　　　图 7-88　　　　　　　图 7-89　　　　　　　图 7-90

 此处复制组是一种简便操作，因为每张图片都是相同大小，因此使用复制图层组的方法可以减少工作量。

09 ☑ 使用"移动工具"移动图像，如图 7-91 所示。更改相应图层的内容，效果如图 7-92 所示。

10 ☑ 使用相同的方法完成相似内容的制作，如图 7-93 所示。完成界面的制作，最终效果如图 7-94 所示。

图 7-91　　　　　　　图 7-92　　　　　　　图 7-93　　　　　　　图 7-94

7.8 　制作 Windows Phone 壁纸软件

　　Windows Phone 中的 QQ 界面与其他两大系统有所不同，字体突出是 Windows Phone 10 的系统特点，在制作时要注意遵循设计原则，保证尺寸及文字的大小。

案例 56　制作 Windows Phone QQ 界面
教学视频：视频 \ 第 7 章 \7-8.mp4　　　源文件：源文件 \ 第 7 章 \7-8.psd

案例分析：
　　本案例主要向用户展示 Windows Phone 的 QQ 界面，在制作过程中，除了要注意界面中各个元素的大小以及排布，还要耐心地绘制界面中各个按钮的形状，并注意内容部分格局的合理分配。

色彩分析：
　　本案例是 Windows Phone 10 的 QQ 界面，色彩方面以背景中的墨绿色作为主色调，搭配以白色的文字和黑色的头像图片，使用强对比的效果突出文字。

RGB(23、54、54)　　RGB(255、255、255)　　RGB(0、0、0)

01 执行"文件 > 打开"命令，打开素材图像"素材 \ 第 7 章 \78001.jpg"，如图 7-95 所示。新建"图层 1"图层，填充黑色前景色，并设置图层"不透明度"为 20%，如图 7-96 所示。

02 打开素材图像"素材 \ 第 7 章 \73002.png"，将图像拖入画布中，并置于顶层，如图 7-97 所示。单击工具箱中的"矩形工具"按钮，在画布中绘制白色矩形，如图 7-98 所示。

图 7-95　　　　图 7-96　　　　　　图 7-97　　　　　　　图 7-98

提示 "矩形工具"得到的是一个路径，针对路径的操作，不仅仅是填充颜色，还可以为图层创建矢量蒙版。使用"矩形工具"来绘制矩形可以预设颜色直接生成一个形状蒙版图层。

03 单击工具箱中的"钢笔工具"按钮，选择工具模式为"路径"，设置路径操作为"减去顶层形状"，在画布中绘制如图 7-99 所示的形状。选择"横排文字工具"，设置如图 7-100 所示的参数。

图 7-99

图 7-100

04 ✓　在画布中输入相应文字，如图 7-101 所示。使用相同的方法完成相似文字的输入，如图 7-102
所示。

图 7-101

图 7-102

 此处的文字颜色可以通过更改不透明度来实现，也可以设置其颜色值 RGB(163、
163、163) 来实现，效果是基本相同的。

05 ✓　使用相同的方法完成相似文字的输入，设置图层"不透明度"为 50%，如图 7-103 所示。
单击工具箱中的"椭圆工具"按钮，绘制如图 7-104 所示的白色圆形。

图 7-103

图 7-104

06 ✓　复制"椭圆 1"图层，得到"椭圆 1 拷贝"图层，使用快捷键 Ctrl+T 等比例缩小图形，更改
图形颜色 RGB(230、0、18)，如图 7-105 所示。修改图层"不透明度"为 50%，效果如图 7-106
所示。

图 7-105　　　　　　　　　　　　　　　图 7-106

07 ▽　单击工具箱中的"椭圆工具"按钮，绘制如图 7-107 所示的白色圆形。执行"文件 > 打开"命令，打开素材图像"素材 \ 第 7 章 \78002.jpg"并拖入画布中，如图 7-108 所示。

图 7-107　　　　　　　　　　　　　　　图 7-108

08 ▽　选中"图层 3"图层，单击鼠标右键为该图层创建剪贴蒙版，效果如图 7-109 所示。单击工具箱中的"横排文字工具"按钮，输入如图 7-110 所示的文字。

09 ▽　单击工具箱中的"椭圆工具"按钮，绘制如图 7-111 所示的圆形，使用"直接选择工具"和"转换点工具"调整形状，如图 7-112 所示。

10 ▽　单击工具箱中的"椭圆工具"按钮，选择工具模式为"路径"，设置路径操作为"减去顶层形状"，在画布中绘制如图 7-113 所示的形状。单击工具箱中的"横排文字工具"按钮，输入如图 7-114 所示的文字。

11 ▽　使用相同的方法完成其他内容的制作，如图 7-115 所示。完成界面的制作，最终效果如图 7-116 所示。

图 7-109　　　　　　　　图 7-110　　　　　　　　图 7-111

图 7-112

图 7-113

图 7-114

图 7-115

图 7-116

7.9　总结扩展

通过本章的学习，为用户详细介绍了 Windows Phone APP 的设计规范以及设计原则等。希望用户通过多思考多练习，能够熟练掌握 Windows Phone 10 的设计技巧，为 APP 的设计打下坚实基础。

7.9.1　本章小结

本章主要对 Windows Phone 的设计原则和特点，以及界面设计框架和控件的基本设计使用原则进行了详细的介绍。Windows Phone 系统的用户界面偏简单、扁平和清晰，装饰性元素被最大幅度地削弱，为文字信息和图片等具体内容让道。

7.9.2　课后练习——制作脑电波测试软件界面

实战　制作脑电波测试软件界面
教学视频：视频 \ 第 7 章 \7-9-2.mp4　　　源文件：源文件 \ 第 7 章 \7-9-2.psd

案例分析：
　　这是基于 Windows Phone 制作的 APP 界面，该界面简洁、可辨识度高，界面制作难度不大，需要耐心绘制小图标。

色彩分析：
　　这款界面以背景的橘黄色作为主色调，给人以温暖的感觉，辅色运用了紫色，并使用了中规中矩的白色文字，界面给人以清新、明朗的感觉。

01　新建文档，将相应图片导入到文档中。

02　使用"横排文字工具"完成文字的输入，并修改相应的不透明度。

03　使用"矩形工具"绘制图形，载入图像并创建剪贴蒙版。

04　使用"钢笔工具"、"椭圆工具"和"多边形工具"绘制小图标，最终完成界面制作。